轻松
养殖致富
系列

轻轻松松
防治鱼病

占家智　羊茜　编著

化学工业出版社
·北京·

“养鱼不瘟，富得发昏”，本着防重于治，科学高效防控，减少药物残留，助力读者科学快速致富的原则，本书在介绍鱼病基础知识的基础上，图文结合详细讲解了鱼病的防治、常用鱼药与治疗，同时兼顾了特种水产品常见的一些病害防治技术，本书中共收集整理了水产养殖中的110多种常见疾病和10多种敌害的防治技术，内容全面实用，条理清晰明了，争取做到让渔民朋友一看就懂、一学就会、一用就灵，真正做到轻松实用。本书附录中有无公害水产品禁用渔药清单、国标渔药、名特水产用药的禁忌与配伍等内容。

本书适合广大水产养殖户、水产生产经营人员、水产科研工作者、水产技术推广人员等参考阅读。

图书在版编目（CIP）数据

轻轻松松防治鱼病/占家智，羊茜著．—北京：化学工业出版社，2018.8（2022.11重印）
（轻松养殖致富系列）
ISBN 978-7-122-32450-4

Ⅰ.①轻…　Ⅱ.①占…　②羊…　Ⅲ.①鱼病-防治
Ⅳ.①S943

中国版本图书馆CIP数据核字（2018）第135240号

责任编辑：李　丽　　文字编辑：赵爱萍
责任校对：王素芹　　装帧设计：关　飞

出版发行：化学工业出版社（北京市东城区青年湖南街13号　邮政编码100011）
印　　装：天津盛通数码科技有限公司
710mm×1000mm　1/16　印张16¾　字数260千字　2022年11月北京第1版第2次印刷

购书咨询：010-64518888　　售后服务：010-64518899
网　　址：http://www.cip.com.cn
凡购买本书，如有缺损质量问题，本社销售中心负责调换。

定　　价：59.00元

前言

随着渔业生产的快速发展，水产养殖对象和养殖面积不断扩大，养殖产量持续走高，养殖密度也不断增加，加上鱼苗、鱼种的引进与输出的数量不断加大，各地区之间鱼类的活体交流也变得更加频繁，从而使各地区间的鱼病在全国各地流行也变得更加容易，传播速度日益加剧，导致水产养殖品种的病害频繁发生，经济损失严重，已成为21世纪水产养殖业发展的重要制约因素之一，所以养殖户对鱼类疾病的预防和治疗也成为生产上最迫切需要解决的问题。

“养鱼不瘟，富得发昏”，这是渔民朋友对养鱼成果的一种期盼，也是长期以来他们对鱼病成为渔业发展中的最主要的限制性因素的真实体会。由于长期处在生产前沿，长期与广大渔民打交道，因此最能了解渔民对鱼病尤其是各类暴发性鱼病的恐惧心理，也理解他们期望快速、方便地诊治鱼病、减轻渔业损失的心理。在为广大渔民进行渔业服务过程中，我们感觉到现在的鱼病已经跟过去相比，有了一定的变化，主要表现在一是过去一些人们不知道的鱼病现在发生了，例如1998年前后在河蟹养殖区发生的颤抖病就是明显的例子。二是过去危害性不大的鱼病现在变得非常猖獗、非常具有危害性。三是过去是区域性的鱼病现在变成了全国性的鱼病，流行得更广了。因此帮助渔民朋友快速诊治、预防、治疗鱼病就是我们渔业科技工作者的主要职责之一。

正是基于这个目的，我们根据多年的工作经验，参阅了大量的科技资料，编写了这本书，相信这本既注重疾病预防更注重鱼病治疗的书能成为广大渔民朋友们无声的朋友。

本书分为几个部分，分别是鱼病诊治的前提——正确了解鱼病的基础知识、鱼病诊治的关键——鱼病的防治、鱼病诊治的药物——常用鱼药、鱼病诊治的根本——鱼病的治疗等几个方面，重点解决鱼病防治方面的各类问题，同时兼顾了一些特种水产品常见的一些病害防治技术，全书共收集整理了水产养殖中的 110 多种常见疾病和 10 多种敌害的防治技术，内容全面实用，条理清晰明了，争取做到让渔民朋友一看就懂、一学就会、一用就灵，真正做到轻松实用。同时为了让渔民朋友尽可能地少用药、用好药、减少药物在鱼体内的残留，我们特别编辑了几个附录，主要有名特水产用药的禁忌；水产养殖中常用渔药、禁用渔药及替代渔药；《食品动物禁用的兽药及其他化合物清单》《禁止在饲料和动物饮用水中使用的药物品种目录》；无公害水产品禁用渔药清单；我国国标鱼药的种类等内容。

为了更好地帮助渔民朋友快速识别鱼病、防治鱼病，我和羊茜还准备了一些彩色图片。由于我们的水平有限，加上鱼病也在不断的变化中，有些问题可能讲得还不是很深入，也有可能有一些错误，但我们相信瑕不掩瑜的道理，相信我们的努力会为全国渔民朋友带来帮助。在此我们恳请朋友能及时给予帮助指正为感！

占家智

2018 年 5 月

目录

第一章　轻轻松松防治鱼病的前提——认识鱼病　/ 1

第二章　轻轻松松防治鱼病的关键——科学防治 / 23

第一章

轻轻松松防治鱼病的前提——认识鱼病

近年来，我国水产养殖病害呈现不断扩大的趋势，据有关部门调查，从2002—2005年，我国各地的水产病害种类由100余种上升到207种，其中细菌病、病毒病、寄生虫病占80%左右；每年病害发病率达50%以上，损失率30%左右；年经济损失达百亿元之巨，其中，2004年高达151.44亿元，这还未将因为病害而使水产养殖投资规模缩小、养殖周期缩短、品质下降等所造成的损失完全包括在内。

第一节　了解鱼病

一、鱼病的概念

鱼病就是由各种致病因素或单一或共同作用于鱼体，从而导致了鱼类正常的生命活动出现异常的现象，这个时候由于鱼体本来很正常的机体平衡已经遭到破坏，在行为上和自身能力上就会表现出一系列的病理症状，例如对外界环境变化的适应能力降低、游动缓慢、食欲不佳甚至拒食、体表出现脱鳞、出血等一系列的症状。

值得注意的是，鱼病的发生不是孤立的，它是由于外界环境中各种致病因素的共同作用和鱼类自身机体反应特性这两方面在一定条件下相互作用的结果，在诊治和判断鱼病时，要对两者加以认真分析，不可轻易地以某一点而草率鉴定病原、病因。这是因为鱼类机体的一些反常现象并不能作为判断鱼类患病与否的唯一标准，在观察鱼病时，要与当时的水域环境条件和气候条件紧紧地联系在一起进行考虑。

小贴士：我们在养殖鲤鱼时会发现，鲤鱼在冬季常常会有“趴窝”现象，这时它们会长时间地趴在底泥上，一动不动，也不摄食，这是正常的越冬现象，不可轻易地根据鱼类活动减弱且不摄食的特点来判断鱼类已经生病了，但是这种现象如果发生在夏秋季，这就基本上可以断定鱼类生病了。

二、鱼病的发生规律

万事皆有规律，鱼类生病当然有它自身的规律，这种规律主要表现在

鱼生病有一定的季节性，这与天气和温度的变化密切相关。在一年当中，4～5月、8～9月是一年中气候两次变更的季节，也是各种鱼类生病的两个高发季节。

由于鱼类是冷血动物，对外界气候变化的反应敏感，因此对环境变化必须进行生理性调节，以适应春暖冬寒的自然变化，因此这两个时期是鱼类生理上的薄弱环节，对外抵抗能力较差，加上这两个时期气温、水温比较适中，各种病原生物容易繁衍。一旦病原生物侵袭鱼体，就容易引发鱼病。

不同的季节鱼病发生的种类也略有差异，每年4月下旬至5月上旬，主要有车轮虫病、竖鳞病、烂鳃病、肠炎病、指环虫病等发生，尤其是以2龄鱼发病为主。而每年8月下旬至9月上旬，主要有出血病、肠炎病、烂鳃病、鳃隐鞭虫病等发生，以当年鱼发病为主。

值得注意的是，鱼类发病有它特有的隐蔽性，由于鱼类生活在水中，一般不易察觉，一旦发现，往往是病入膏肓，难以治愈。

三、我国水产养殖病害发生的特点

根据我国有关渔业部门对全国近几年的病害监测结果可以看出，我国水产养殖病害发生正呈现以下的特点。

1. 发病鱼类的品种多

我国主要水产养殖品种都有不同程度的病害发生，无论是常规养殖品种还是一些名特优水产品，包括一些由野生环境驯养的鱼类，一旦进行人工养殖时，都会发生各种各样的疾病。尤其是一些特种水产品，由于它们在国内的养殖多为工厂化、集约化养殖，放养的密度大，一旦发生疾病特别是传染性强的疾病，传播速度快，群发率高，死亡率高，经济损失巨大。

2. 疾病种类趋多

包括病毒病、细菌病、真菌病、寄生虫病、藻类病等，且较前几年的有所增加。据监测，到2005年，我国水产养殖品种的疾病达207种。尤其是一些突发性、暴发性和持续死亡的疾病也有增加的趋势，造成的损失

比例较大。

3. 多病原、多病种发病趋势明显，并发、继发性感染比较普遍

据全国水产病害监测结果表明，连续5年，水生动物病害已由单一病原向多病原综合演化，导致患病个体经常是出现几种病理特征，病因多元化，加剧了病情恶化和治疗难度。这与目前的养殖方式、养殖环境等因素密切相关，这种发展趋势给治疗工作带来很大不便。例如河蟹颤抖病的发生，最明显的就是常常伴有黑鳃、腐壳等多种病理症状；病毒性的甲鱼出血性肠道坏死症，常常伴有多种微生物的继发性感染。

4. 疾病发病时间长，涉及面广

水生动物疾病发病时间由传统的春夏或夏秋两季发病高峰逐步向全年发病过渡，发病区域几乎涵盖所有的养殖水域。水生动物重大疫病呈暴发流行的趋势，如由嗜水气单胞菌引起的淡水养殖鱼类暴发性败血症、海水养殖鱼类的弧菌性疾病等，一旦发病都是这种情况。

5. 水生动物重大疾病有暴发流行趋势，而且流行速度快，区域不断扩大

随着水产养殖特别是一些利润比较高的特种水产品养殖业的快速发展，养殖规模不断扩大，市场流通速度也加快，同时也造成了病原传播的途径增加，尤其是病毒性疾病发病率居高不下，规模越来越大，传播速度越来越快，死亡率越来越高。主要有虹彩病毒病、草鱼出血病、鳜鱼病毒性暴发病、鳗鲡狂游病、中华鳖鳃腺炎、对虾白斑病、红体病、河蟹颤抖病等。例如对虾白斑病已经是全球性疾病，甲鱼出血性肠道坏死症几乎在我国所有的甲鱼养殖区域都发生。

四、我国因药残导致出口受限事件的案例

由于病害的严重发生，广大养殖户为了治疗病害，减轻鱼病带来的损失，不断使用各种药物，加上药物使用不当以及停药期的无序控制，导致了我国水产品在出口时遭受国外相关部门的检测甚至抵制，近年来由于药物原因而导致的水产品出口受限事件主要有以下几例。

1. 磺胺类、沙星类药物事件

2005年3月，日本检验机关在福建对日出口的烤鳗中检出了恩诺沙星药物残留，据了解是福清市某烤鳗厂的产品在抵港通关时被检出。7月因为恩诺沙星超标，日本对中国鳗类产品进口施行批批检测，致使中国鳗产品无法进入日本市场，美国、韩国也紧随其后，分别设置了极为苛刻的水产品药残检验标准和进口烦琐条件。

2. 氯霉素事件

2001年出口欧盟冻虾仁和部分大闸蟹检出氯霉素残留，引起全世界关注。2001年初，奥地利发现当地“家乐福”部分虾仁含有氯霉素。欧洲专家发现，中国出口的冻虾仁中含有0.2×10^{-9}～5×10^{-9}的氯霉素。2002年1月25日，欧盟委员会全面决定禁止中国动物源性食品进口，2002年7月日本又提高中国出口鳗产品检测标准。2004年7月6日美国对我国冻虾出口作出了征收反倾销税的初裁。

2007年6月28日，美国FDA作出决定：对包括尾鮰鱼在内的中国五种水产品进行自动扣柜严格检查药物残留。此决定一出，在行业内引起了强烈的反应，导致加工厂停产，市场行情低迷，很多养殖户放弃转而改养其他品种；2007年8月，美国宣布了一项对来自中国的养殖鲇鱼、虾、鲮鱼和鳗鱼的扣留措施，在美国宣布扣留中国水产品事件之后，欧盟立即宣布启动了对中国的人工养殖海产品的审查，韩国政府宣布将34家中国水产养殖场列入进口黑名单，立即禁止这34家中国水产养殖场向韩国出口鱼类等水产品。

根据我国农业部相关报告显示，受“氯霉素事件”影响，2005年1至6月份，我国水产品对欧盟出口量、出口额比2014年同期分别下降70.8%和73%。2006年上半年我国对虾出口金额9218.3万美元，比2005年同期降低17%；比2004年同期降低42%，比2003年同期降低23%。2006年我国向欧盟出口的每个水产企业（主要是龙头企业）因欧盟禁令遭受的损失平均在300万～500万美元之间。

五、国内水产品安全事例

在国内，我们对水产品的用药事件及用药引起的食品安全问题的情况

也不容乐观，近年来频频出现的一系列水产品事件已经给水产行业的疾病及药物问题敲响了警钟。2006 年，国家食品药品监督管理局公布的十大食品安全事件中，水产品占了四件：①北京“福寿螺”中含广州管线虫病，导致集体发病事件；②2006 年 10 月 18 日台湾“卫生署”表示，从大陆昆山阳澄湖水产公司销到台湾的大闸蟹中，发现 7 批共 3000 多千克产品含有禁用致癌物质硝基呋喃类代谢物；③含致癌物质（孔雀石绿）桂花鱼事件；④违禁药物（氯霉素、环丙沙星、孔雀石绿等）喂出的多宝鱼等事件。仅多宝鱼一个事件，就使辽宁的大连、丹东、葫芦岛等市的养殖企业直接损失 10 多亿元。

第二节　鱼病发生的因素

为了更好地掌握鱼类发病规律和防止鱼病的发生，必须了解发病的病因。根据鱼病专家长期的研究和我们在养殖过程中的细心观察，鱼类发生疾病的原因可以从内因和外因两个方面进行分析，因为任何疾病的发生都是由于机体所处的外部因素与机体的内在因素共同作用的结果。在查找病源时，不应只考虑某一个因素，应该把外界因素和内在因素联系起来加以考虑，才能正确找出发病的原因。根据鱼病专家分析，鱼病发生的原因主要包括致病生物的侵袭、鱼体自身因素、环境条件的影响和养殖者人为因素等。

一、致病生物的侵袭

1. 致病生物

常见的鱼类疾病多数都是由于各种致病的生物传染或侵袭到鱼体而引起的，这些致病生物称为病原体。能引起鱼类生病的病原体主要包括真菌、病毒、细菌、霉菌、藻类、原生动物以及蠕虫、蛭类和甲壳动物等，这些病原体是影响鱼类健康的罪魁祸首。在这些病原体中，有些个体很小，需要将它们放大几百倍甚至几万倍后才能看见，鱼病专家称它们为微生物，如病毒、细菌、真菌等。由于这些微生物引起的疾病具有强烈的传染性，所以又被称为传染性疾病。有些病原体的个体较大，如蠕虫、甲壳动物等，统称为寄生虫，由寄生虫引起的疾病又被称为侵袭性疾病或寄生虫病。

2. 致病生物发病的因素及处理

病原体能否侵入鱼体，引起疾病的发生，与病原体传染力的大小与病原体在宿主体内定居、繁衍以及从宿主体内排出的数量有密切关系。就数量关系来说，在鱼体中，病原体数量越多，鱼病的症状就越明显，严重时可直接导致鱼类大量死亡。就毒力因素而言，毒力较弱的病原体只有大量侵入鱼体时，才能引起鱼体感染致病，而毒力较强的病原体即使少量感染也能引起疾病的发生。水体条件恶化，环境有利于寄生生物生长繁殖，其传染能力就较强，对鱼类的致病作用也明显。如果利用药物杀灭或生态学方法抑制病原体活力来降低或消灭病原体，例如定期用生石灰对养殖池塘进行消毒，或向水体投放硝化细菌或芽胞杆菌达到增加溶氧和净化水质的目的等，就不利于寄生生物的生长繁殖，鱼病发生机会就降低。因此，切断病原体进入养殖水体的途径，应根据鱼类病原体的传染力与致病力的特性，有的放矢地进行生态防治、药物防治和免疫防治，将病原体控制在不危害鱼类的程度以下，减少鱼病的发生。

3. 动物类敌害生物

在池塘养殖过程中，有一些能直接吞食或直接危害鱼类的敌害生物，如池塘内的青蛙会吞食鱼的卵和幼鱼；池塘里如果有乌鳢生存，喜欢捕食各种小型鱼类作为活饵，尤其是在它繁殖季节，一旦它的产卵孵化区域有鱼类游过，乌鳢亲鱼就会毫不留情地扑上去捕食这些鱼，因此池塘中有这些生物存在时，对养殖品种的危害极大，要及时予以捕杀。

根据我们的观察及参考其他养殖户的实践经验，认为在池塘养殖时，鱼类的敌害主要有鼠、蛇、鸟、蛙、其他凶猛鱼类、水生昆虫、水蛭、青泥苔等，这些天敌一方面直接吞食幼鱼而造成损失；另一方面，它们已成为某些鱼类寄生虫的宿主或传播媒介，例如复口吸虫病可以通过鸥鸟等传播给其他鱼。

4. 植物类敌害生物

一些藻类如卵甲藻、水网藻等对鱼类有直接影响。水网藻常常缠绕幼鱼并导致死亡；而嗜酸卵甲藻则能引起鱼类发生“打粉病”。

二、自身因素

鱼体自身因素的好坏是抵御外来病原菌的重要因素，一尾自身健康的鱼能有效地预防部分鱼病的发生，自身因素与鱼体的生理因素及鱼类免疫能力有关。

1. 鱼的生理因素

鱼类对外界疾病的反应能力及抵抗能力随年龄、身体健康状况、营养、大小等的改变而不同。例如车轮虫病是苗种阶段常见的流行病，而随着鱼体年龄的增长，即使有车轮虫寄生，一般也不会引起疾病的产生。另外鱼鳞、皮肤及黏液是鱼体抵抗寄生物侵袭的重要屏障。健康的鱼或体表不受损伤的鱼，病原体就无法进入，像打印病、水霉病等就不会发生。而当鱼体一旦不小心受伤，又没有对伤口进行及时消炎处理时，病原体就会乘虚而入，导致各类疾病的发生。

2. 免疫能力

将同一种鱼饲养在同一个饲养水体中，会出现有的鱼生病，有的鱼不生病的现象，说明不同个体对病原体有不同的抵抗力，这种对病原体的抵抗力也被称为免疫力。在受到病原体袭击时，免疫力强的鱼体可以抵抗病原体的入侵，而免疫力弱的鱼体就可能因为不能抵抗病原体入侵而发病。病原微生物进入鱼体后，常被鱼类的吞噬细胞所吞噬，并吸引白细胞到受伤部位，一同吞噬病原微生物，表现出炎症反应。

如果吞噬细胞和白细胞的吞噬能力难以阻挡病原微生物的生长繁殖时，局部的病变将扩大，超过鱼体的承受力而导致鱼体死亡。另外同一种鱼在不同的生长阶段，对某一种病原体的免疫能力是不同的。例如，白头白嘴病的病原体只能感染幼小的金鱼、锦鲤，当鱼体长达到5厘米以上时，就不容易再受到感染了，如苗种期得小瓜虫病的机会要大于成鱼期。

3. 混养鱼类

在同一饲养水体中饲养鱼的品种和规格要搭配得当，饲养密度要合理。例如性情凶猛的鱼不宜与温顺的鱼饲养在一起，否则，会出现弱肉强食、性情温顺的鱼被追逐甚至咬伤的现象，被咬伤的部位通常在鱼的背鳍、尾鳍和腹鳍上。规格悬殊太大的鱼也不宜饲养在一起，以免个体较小的鱼被排挤和受到惊吓。

三、环境条件

水产养殖环境状况不断恶化是首要原因，另外养殖生产者自我污染也比较普遍。

环境条件既能影响病原体的毒力和数量，又能影响鱼体的内在抗病能力。很多病原体只能在特定的环境条件下才能引起疾病发生，而优良的生活环境是保证鱼类健康的前提，在这种生活环境中的鱼类是很少得病的，而且它们长势良好，品质和味道也非常棒。根据我们的经验，认为环境方面的因素主要包括温度、水质、底质、光照、湿度、降水量、风、雨（雪）等物理因素。

1. 水温

鱼类是冷血动物，体温随外界环境尤其是水体的温度变化而发生改变，所以说对鱼类的生活有直接影响的主要是温度。当水温发生急剧变化，主要是突然上升或下降时，鱼类机体和体温由于适应能力不强，不能正常随之变化，就会发生病理反应，导致抵抗力降低而患病。鱼类对温度的适应能力因鱼种、个体发育阶段的不同，差别较大，一般不宜超过3℃，例如亲鱼或鱼种进温室越冬时，进温室前后的水的温差不能相差过大，如果相差2～3℃，就会因温差过大而导致鱼类“感冒”，甚至大批死亡。还有一点需要注意的就是虽然短时间内温差变化不大，但是长期的高温或低温也会对鱼类产生不良影响，如水温过高，可使鱼类的食欲下降。因此，在气候的突然变化或者鱼池换水时均应特别注意水温的变化。

2. 水质

鱼类生活在水环境中，水质的好坏直接关系到鱼类的生长，好的水环境将会使鱼类不断增强适应环境的能力。如果生活环境发生变化，就可能不利于鱼类的生长发育，当鱼类的机体适应能力逐渐衰退而不能适应环境时，就会失去抵御病原体侵袭的能力，导致疾病的发生，因此在我们水产行业内，有句话就是“养鱼先养水”，就是要在养鱼前先把水质培育成适宜鱼养殖的“肥、活、嫩、爽”的标准。影响水质变化的因素有水体的酸碱度（pH）、溶氧（D·O）、有机耗氧量（BOD）、透明度、氨氮含量等理化指标。

3. 底质

底质对池塘养殖的影响较大。底质中尤其是淤泥中含有大量的营养物质与微量元素，这些营养物质与微量元素对饵料生物的生长发育、水草的生长与光合作用都具有重要意义；当然，淤泥中也含有大量的有机物，会导致水体耗氧量急剧增加，往往造成池塘缺氧泛塘；同时，有学者指出，在缺氧条件下，鱼体的自身免疫力下降，更易发生疾病。

4. 酸碱度

一般地讲，酸碱度即 pH 值在 5.5～9.5 这个范围内，但海水的 pH 值则可升高到 9.0～10.0，鱼类都能生存，但以 pH 值在 7.5～8.5，即中性偏碱为最适范围（淡水鱼）。当水质偏酸时，鱼体生长缓慢，pH 在 5～6.5 之间时，许多有毒物质在酸性水中，导致鱼类体质变差，易患打粉病。在饲养过程中可用石灰水进行调节，也可用 1% 的碳酸氢钠溶液来调节水的酸碱度。但是若饲养水过度偏碱，高于 9.5 以上时，鱼的鳃会受刺激而分泌大量的黏液，妨碍鱼体的正常呼吸，即使在溶氧丰富的情况下也易发生浮头现象，最终导致鱼类生长不良，极易患病，甚至死亡。此时可用 1% 的磷酸二氯钠溶液来调节 pH 值。

5. 溶氧量

鱼类在水体中生活，它们的生长和呼吸都需要氧气，水体中溶氧量的高低对鱼的正常生活有直接影响，当饲养水中溶氧不足时，鱼体会出现浮头，过度不足时，鱼就会因窒息而死亡。例如在饲养过程中如果鱼的密度大，又没有及时换水，水中鱼类的排泄物和分泌物过多、微生物孳生、蓝绿藻类浮游生物生长过多，都可使水质变混、变坏，导致溶氧量降低，使鱼发病；另外在水温高、阴雨天的时候，水中溶氧量都会大大下降，必须注意及时开动增气机来人工增氧。另一方面如果水体中溶解氧过多、过饱和，则又会造成鱼苗和鱼种患气泡病。

水中的溶氧受各种外界因素的影响而时常变化着。一般夏季日出前1小时，水中溶解氧最低，在下午2时到日落前1小时，水中溶解氧最大，冬季一般变化不大。水中的溶解氧还受饲养密度、水中浮游动物的数量、腐殖质的分解、水中杂质、水温的高低、日光的照射程度、风力、雨水、气压、空气湿度、水面与空气接触面大小以及水草等方面因素影响而变化。

溶解于水中的氧气，一是来自水与空气接触面，水表面和水上层的氧气往往多于下层和底层；在高温和气压低的天气，不仅溶于水的氧气减少，有时甚至氧气从水中逸出。二是来自水生植物、浮游植物的光合作用，白天水中的溶解氧高于夜间，夜间水生植物停止光合作用，其呼吸及水中动物都需要消耗氧。

要保持水体中较高的溶氧量，可以从以下几个角度来考虑：一是考虑适宜的放养密度，以减少鱼类自身的耗氧；二是加强池塘的水渠配套系统，经常换掉部分老水，输入含氧量高的清洁新水；三是种植培养适量的水草，增强水草光合作用而带来的溶氧；四是采用人工增氧，主要有开启增氧机、投放增氧剂。

6. 毒物

对鱼类有害的毒物很多，常见的有硫化氢以及各种防治疾病的重金属盐类。这些毒物不但可能直接引起鱼类中毒，而且能降低鱼体的防御机能，致使病原体容易入侵。急性中毒时，鱼在短期内会出现中毒症状或迅速死亡。当毒物浓度较低，则表现出慢性中毒，短期内不会有明显的症状，但生长缓慢或出现畸形，容易患病。现在各个地方甚至农村，各种工厂、矿山、工业废水和生活污水日益增多，含有一些重金属毒物（铅、锌、汞）、硫化氢、氯化物等的废水如进入鱼池，重则引起池鱼的大量死亡，轻则影响鱼的健康，削弱鱼的抗病机能或引起传染病的流行。例如有些地方，土壤中重金属盐（铅、锌、汞等）含量较高，在这些地方修建鱼池，容易引起弯体病。

四、人为因素

1. 操作不慎

我们在饲养过程中，经常要给养鱼池换水、拉网捕捞、鱼种运输、亲鱼繁殖以及人工授精，有时会因操作不当或动作粗糙，使鱼受惊蹦到地上或器具碰伤鱼体，都可损伤鱼体表的黏液和皮肤，造成皮肤受伤出血、鳍条开裂、鳞片脱落等，引起组织坏死，同时伴有出血现象。烂鳃病、水霉病就是通过此途径感染的。

2. 外部带入病原体

在鱼类养殖中，我们发现有许多病原体都是人为由外部带入养殖池的，如从自然界中捞取天然饵料、购买鱼种、使用饲养用具等，由于消毒、清洁工作不彻底，可能带入病原体。例如病鱼用过的工具未经消毒又用于无病鱼池的操作，或者新购鱼种未经隔离观察就放入池塘中，这些有意或无意的行为都能引起鱼病的重复感染或交叉感染。例如小瓜虫病、烂鳃病等都是这样感染发病的。

3. 饲喂不当

鱼类如果投喂不当、投食不清洁或变质的饲料、或饥或饱及长期投喂单一饲料、饲料营养成分不足、缺乏动物性饵料和合理的蛋白质、维生素、微量元素等，这样导致鱼类摄食不正常，就会缺乏营养，造成体质衰弱，就容易感染患病。当然投饵过多，易引起水质腐败，促进细菌繁衍，导致鱼类罹患疾病。另外投喂的饵料变质、腐败，就会直接导致鱼中毒生病，因此在投喂时要讲究“四定”技巧，在投喂配合饲料时，要求投喂的配合饵料要与所养鱼的生长需求一致，这样才能确保鱼体的营养良好。

4. 没病乱放药， 有病乱投医

水产养殖从业者的综合素质，如健康养殖观念等亟待提高。另外渔民缺乏科学用药、安全用药的基本知识，病急乱用药，乱用、滥用药物，盲目增加用药剂量，给疾病防治增加了难度，尤其是原料药的大量使用所造成的危害相当大。大量使用化学药物及抗生素，造成正常生态平衡被破坏，最终可能导致抗药性微生物与病毒性疾病暴发，受伤害的还是渔民朋友。例如许多养殖户在培育苗种的早期阶段，不合理使用抗生素，导致多种常见细菌性病苗株的耐药性增强，耐药种数不断增加，耐药率不断升高，一定程度上增加了疫病防控技术难度。同时也会导致鱼病的治疗时间长，疗效不显著，造成的次生性经济损失更大。

5. 放养密度不当和混养比例不合理

合理的放养密度和混养比例能够增加鱼产量，但是过高的养殖密度始终是疾病频发的重要原因。如果放养密度过大，会造成缺氧，并降低饵料利用率，引起鱼类的生长速度不一致，大小悬殊，同时由于鱼缺乏正常的活动空间，加之代谢物增多，会使其正常摄食生长受到影响，抵抗力下降，发病率增高。另外在集约式养殖条件下，高密度放养已造成水质二次污染、病原传播、水体富营养化，赤潮频繁发生，加上饲养管理不当等，都为病害的扩大和蔓延创造了有利条件，是导致近年来疾病绵绵不断、愈演愈烈的原因。

另一方面，混养比例不合理，也会导致疾病的发生，例如有些侵扰性较强的鱼类，当它们和不同规格的鱼同池饲养时，易发生大欺小和相互咬伤现象，长期受欺及被咬伤的鱼，往往有较高的发病率。

6. 饲养池进排水系统设计不合理

饲养池的进排水系统不独立，一池鱼发病往往也传播到另一池鱼发病。这种情况特别是在大面积精养时或流水池养殖时更要注意预防，在2014年，笔者在北京发现一养殖场在养殖虹鳟时没有设立专门独立的进排水系统，在6月一次发病时，四口鱼塘同时发病，导致大批虹鳟鱼死亡，损失惨重。

7. 消毒不够

有的时候，我们也对鱼体、池水、水草、食场、食物、工具等进行了消毒处理，但由于种种原因，或是用药浓度太低，或是消毒时间太短，导致消毒不够，这种无意间的疏忽有时也会使鱼的发病

率大大增加。

8. 检疫不严

水产种苗及水产品的流通缺乏必要的检疫和隔离制度，为疾病的广泛传播创造了条件。养殖苗种与亲体的国内地区间流通，每年的人工苗种的增殖放流，种苗的进口和引进，所有这些种苗的人工迁移均没有经过有效的检疫，会造成种质退化，疾病流行。

有许多养殖户认为，鱼病检疫是国家动检部门的事，与己无关，这种观念是错误的，只要是从外地（包括国内、省内）引种时，只要有一定的距离，在引进后就要严格检疫，不能让伤鱼、带病原体的鱼混入池内，引发疾病。

9. 品种退化

水生动物种质日趋退化，以及苗种质量的良莠不齐，都将导致水产养殖动物抗病力下降，导致疾病的发生。例如我们养殖的常见品种异育银鲫，有的地方长期以来，一直是自繁自育自养，导致近年来，它的养殖性状明显下降，生长速度减缓，各种疾病频发，效益当然就会受到影响。

第三节 鱼病的诊断

对于绝大多数养殖户而言，是可以通过检测患病鱼体的各项生理指标而对鱼类疾病进行初步诊断的，最后可以通过病鱼的症状和显微镜检查的结果作出确诊。

鱼类疾病的诊断依据主要掌握以下几点：

一、常规诊断

1. 根据疾病的特点作出快速判断

有些鱼类出现不正常的现象时，极有可能是缺氧、中毒等原因造成的。导致鱼体不正常或者发生死亡现象，一般情况下可以通过以下的几个症状作出快速判断：一是死亡迅速，除有些因素导致的慢性中毒外，鱼体一旦在较短的时间内出现大批死亡，就可能不是疾病引起的；二是症状相同，由于在小环境内，对饲养在一起的鱼体具有相同的影响，所以，如果全部饲养鱼所表现出来的症状、病程和发病时间都比较一致时，就可以判断不是疾病引起的；三是恢复快，只要环境因素改善后，鱼体可以在短时间内减轻症状，甚至恢复正常，一般都不需要长时间的治疗，这就说明鱼体可能是浮头或中毒造成的。

2. 根据疾病的地区特点判断

由于鱼类的疾病和普通鱼病一样，也具有明显的地区特点，因此可根据不同的地区特点大概作出判断。

3. 根据疾病发生的季节特点判断

许多鱼类疾病的发生是根据不同的季节而发生的，这是因为各种不同的病原体都具有最适合其生长、繁殖的条件和温度，而这些均与季节有关，所以可根据鱼病发生的不同季节作出初步判断。如青草鱼的出血病主要发生在7～9月的炎热季节，水霉病则多发生在春初秋末等凉爽的季节，湖靛、青泥苔等有害水生植物不会在冬季出现。

4. 根据鱼体的症状作出判断

一般不同的鱼病在鱼体上表现是不同的，这样就可以快速作出判断，但是还有许多鱼病的病原体虽然不同，却在鱼体外观上表现是差不多的，这个时候就要求养殖户根据多种因素作出综合判断。

5. 根据患病鱼的种类和生长阶段作出判断

不同鱼的种类以及不同鱼的生长阶段，对一些鱼病的抵抗力、部分病原体感受性是不同的，它们患病的承受力是不同的，因此可以通过患病鱼体的种类和规格作出简要的判断。如剑水蚤仅危害刚孵化一周的鱼苗；打粉病、白头白嘴病多发生于鱼苗阶段。草鱼的出血病、青鱼的肠炎病主要是发生在鱼种阶段。赤皮病、打印病多发生于成鱼阶段。

6. 根据鱼类的栖息环境作出判断

例如肠炎、赤皮病、烂鳃病、打粉病等都发生在呈酸性的水域环境中；中华蚤、锚头蚤、鱼虱等寄生虫病则多发生在弱碱性的水域环境中；鱼泛塘多发生在缺氧的水域环境中。

7. 根据鱼病寄主作出判断

如肠炎病、出血病多发生在青草鱼上，鲢鳙鱼极少发此病，鲢中华蚤病只有鲢鳙鱼感染，而青草鱼则不发此病。

二、异常诊断

我们发现有许多养殖户在平时不注意观察鱼的各种表现，一旦鱼生病了就急忙求医问药，这时已经晚了，笔者认为鱼病如果等到症状出现时再治疗往往已经太晚而且难以治愈，不让鱼类患病的秘诀只有早发现、早治疗。鱼类生病初期，会表现出一系列的反应，因此，平日应多注意观察鱼池的状况或鱼的行动、体色及其他部位的异常症状，就可以判断是何种疾病，如此则大部分的疾病都可以治疗，因为大部分疾病在其早期都会表现出一些异常状态，主要有：

1. 行为的异常表现

浮于水面或游动缓慢：当我们走近池边时，发现鱼类无动于衷，仍浮在水面吃水（又名叫水、浮头），或贴在池壁，懒于游动，如果跺脚或拍打地面等发出震动或响声时，鱼才慢慢进入水中，但不一会儿又懒洋洋地浮于水面，这种症状就是患气泡病、车轮虫病、斜管虫病、三代虫病等具有的现象。

离群独游：健康的鱼一般是成群集体游动，行动灵活，反应敏捷，受惊即潜入水中，一旦发现鱼有食欲减退、离群独游、背鳍不挺、尾鳍无力下垂、行动呆滞、反应迟钝的现象，饲料吞进口里又吐出，有时会在水面发狂打转或在水面作断续的跳跃，严重时长时间绝食等行为时，就说明鱼已经生病了，很可能就是患锚头蚤病、虱病等。

行为失常：鱼在池中游动不安、急躥、上浮下游，狂动打转不止，有时腹部朝上久浮水面不得下沉，有时沉入池底上不来，有时鱼体失去平衡，可能患中毒症和水霉病。

摩擦加快：如果我们在日常观察中发现鱼体感觉难受，它们不断地用身体擦水草、池壁、饲料台时，这极有可能是体表寄生虫寄生，如中华蚤、锚头蚤、日本新蚤、虱等。

摄食异常：正常的鱼摄食时，抢食能力强，而且食量比较稳定。如果鱼的食量突然减少，甚至“绝食”时，这是鱼类患病的主要症状之一，应迅速检查发病原因。

2. 体色的异常表现

鱼体色变得暗淡而无光泽，鱼体消瘦：各种鱼都有自己特有的体色，如草鱼背部为淡黄色，青鱼背部为深青色，鱼患病时，大部分疾病都会在鱼体表面显出症状，每天注意观察就不难发现，如有异常应即刻加以仔细检查。例如青鱼草鱼患肠炎病时，体色变黑，尤以头部最为显著。鲢鳙鱼患病时，体色苍白，失去光泽。另外鱼在游动时如果只晃脑袋，不动身子，鱼体表面覆有白膜，鱼鳞间或局部有红肿发炎、溢血点或溃疡点，鱼鳍充血，周身鳍片竖立，腹部两侧鳞片出现脱落现象，尾鳍末端有腐烂现象，这些都是生病的前兆。

皮肤变成灰白色或白色，体表覆盖一层棉絮状白毛或出现小白点，肌肉糜烂，这是水霉病的症状。

3. 其他异常表现

根据病鱼组织症状异常来诊断：鱼的病灶是诊断鱼病的主要依据。鱼皮肤充血，体表黏液增多，鱼鳞部分竖起或脱落，鱼鳞间或局部红肿发炎，有溢血点或溃疡点，鳍条充血，周身鳞片竖立，尾鳍末端有腐烂现象，这是竖鳞病、鳍腐烂病的症状。当鱼患锚头蚤时，患病部位可发现充血的红斑小点，严重时可看到“蓑衣”状的虫体群。当鱼患赤皮病时，则会出现体表充血发炎，鳞片脱落，尤在腹部两侧更为明显，鳍的基部充血，鳍条末端腐烂。

根据鱼的体形变化异常来诊断：健康鱼头小，背宽，肌肉厚，肥满度好，病鱼则头大尾小，背窄肌肉薄，看上去有干瘪的感觉。若池水中重金属的含量长期过高，就会使鱼体弯曲变形，变成“驼子”，这是中毒的

表现。

根据鱼的鳃部异常来诊断：鳃部有充血、苍白、灰绿色或灰白色等异常现象，甚至出现米粒样的颗粒，鳃有糜烂、缺损现象，这是烂鳃病的症状。

根据鱼的腹部异常来诊断：鱼的腹部肿胀，排泄一种带白色黏液状、拖得很长而细的粪便，头部及鱼体发黑，腹部出现红斑、肛门红肿，轻轻挤压腹中，发现肛门处有血黄色黏液流出，水肿病有这种症状。

根据鱼的反应异常来诊断：把健康鱼放在手上，眼球会在水平方向来回转动，而病鱼反应较迟钝或无反应。

根据鱼的头部异常来诊断：鱼额头和口周围变成白色时有充血现象，也是生病的症状，例如白头白嘴病就是这样子。

第四节　鱼病的调查

一、鱼病的现场调查

鱼类生病后既不会说话喊痛，又集群栖息在水中，这就给鱼病的检查和诊治带来了一定的困难，因此我们技术人员就要学会深入现象，根据一些情况来准确及时地判断鱼病，这也是我们这些处于生产第一线的鱼病技术服务人员为渔民朋友服务应具备的一些基本功。

1. 环境调查和现场调查

着重调查发病水体的环境，如养鱼水体周围的工厂企业排污情况，周围农田施肥施药情况，养殖水体清塘方法、清塘药物、鱼种消毒用药等，都要进行调查。对于发病时病鱼的不同反应，也要一一弄清。

2. 水质的调查与分析

对池塘的水质和底质都要作认真的调查，主要包括对水温、酸碱度、溶解氧、肥度和硬度的了解与分析。鱼病的发生和流行与水温有着密切的关系，所以对水温要了解清楚。pH值偏高或偏低，易引发不同的疾病，在调查时要注意pH值的高低。水中溶氧低于鱼类正常需氧标准时，易引发浮头。重金属盐超标，则易引起鱼类中毒。水质过瘦或饵料不足，易引起营养不良症。水质过肥，病原微生物的大量繁殖，易造成水质恶化，从而导致疾病的发生。

3. 流行情况调查与分析

了解鱼病发生的全过程，如发病时间、死亡数量以及病鱼的活动情况，主要内容包括在一个池塘中是一种鱼类发病，还是多种鱼类同时发病，病体在行为上有何异常表现，是否已经开始出现死亡，死亡的数量及急剧程度，是否用药物防治过，用什么药进行防治，防治效果如何等，同时要调查池塘中是否有作为某种水产动物寄生虫病的中间寄主，周围是否有作为某种鱼类寄生虫的终末寄主等，从而为确诊和制定防治方案提供佐证材料。

4. 饲养管理调查与分析

了解鱼种放养的种类、来源、放养密度、投饲种类、数量、质量及投饲方法和施肥情况，以及养鱼生产过程中的操作情况，如运输、拉网、捕捞、浸洗、鱼苗放养等操作有无不当等。

二、目检病鱼鱼体

1. 检查工具

为了对鱼病作出正确的诊断，必须要掌握正确的诊断方法，而且有些工具也是应该具备的，检查的工具和需要配备的设施资料主要有：显微镜、解剖镜、放大镜、解剖刀、解剖剪、解剖针、解剖盘、解剖皿、圆头镊子、尖头镊子、载玻片、盖玻片、吸管、卷尺、天平、计数器、酒精、福尔马林、记录本等。

2. 检查程序

确定被检查鱼：被检查的鱼要求是从鱼池中捞出的病鱼或刚死的小鱼

5～10 尾，大鱼 1～2 尾，死亡已久的鱼体内各种器官组织已经腐烂变质，原来所表现的症状已经无法辨认，所以不要用来做检查鱼。如果是死鱼，要求是刚刚死亡的鱼，鳃瓣鲜红、不腐败不变质，同时要求鱼体体表保持潮湿状态。

标识病鱼：首先给病鱼标本进行编号，目的是为了准确识别所检查的鱼，其次是记录病鱼送检时的地点和时间，再次是鉴定标本鱼的种名。

测量病鱼体貌特征：首先用天平准确称量鱼体的重量；其次用卷尺或游标卡尺测量鱼体的体长、全长、体高等定量数据；再次鉴定鱼的雌雄性别，并记录年龄。

检查顺序：检查疾病应该由表及里，先体表后内部，对于病变部位应该做重点检查。检查的顺序是体表黏液→鳍条→鼻腔→血液→鳃部→口腔→体腔→脂肪组织→消化管（包括胃肠和盲囊）→肝脏→脾脏→胆囊→心脏→鳔→肾脏→膀胱→性腺→眼→脑→脊髓→肌肉。

3. 目检

也就是我们常说的肉眼诊断鱼病，用眼睛直接从鱼体患病部位找出病原体或根据病鱼的症状来分析各种病症的根源，为确定疾病原体提供依据。用肉眼诊断鱼病时必须具备 3 个条件，第一个条件是技术人员要经验丰富，对症状很熟悉；第二个条件是鱼病的症状典型，具有特定症状；第三个条件就是发病鱼的资料齐全，也就是病鱼的来源、背景等一手资料要准确。

一是对鱼体体形的观察：由于鱼体长期受到疾病的折磨，鱼体消瘦，这种鱼体所患的疾病大多是属于慢性疾病；而如果鱼体较肥胖，同一水体中饲养的鱼已经出现死亡现象，就可以表明所患疾病属于急性型。如果观察到鱼体的腹部鼓胀，就要对鼓胀原因做出判断，究竟是属于腹水还是由于鱼体怀卵的缘故。如果观察到鱼体畸形，就需要首先根据出现畸形鱼体的种类和数量等因素判断究竟是药物中毒、营养缺乏或者是由于机械损伤的缘故。

二是体表检查：对病鱼按顺序从嘴、眼、鳞片、鳍条等部位仔细检查。对于一些大型的病原体，如水霉、线虫、鲺、锚头鳋等可以清楚看见。同时，可以通过口腔是否充血，患病鱼体的体色，体表黏液的分泌状况，肌肉是否发红，鳍基是否充血，肛门是否红肿，鳞片是否脱落或者竖立，体表是否充血发炎，尾柄或腹部两侧是否出现腐烂，是否蛀鳍，病变部位是否发白有浮肿脓包、旧棉絮状白色物、白点状胞囊，眼睛是否突出和水晶体是否浑浊，肛门是否红肿等，确定病情。一般细菌性引起的疾病表现为：皮肤充血、发炎、腐烂、脓肿及长有赘生物等；寄生虫性病则表现为体表黏液增多、出血，出现点状或块状孢囊等症状。

三是鳃检：检查鳃时，按顺序先查看鳃盖是否张开，有无充血、发炎、腐烂等症状，然后用手指翻开鳃盖，观察鳃色是否正常，黏液是否增多，鳃末端是否肿大和腐烂。最后用剪刀剪除鳃盖，观察鳃丝有无异常。

四是肠道检查：如果通过对外部的检查不能确诊疾病的种类，可以解剖鱼体观察其内脏的病变状况。解剖鱼体的方法是，用剪刀沿体表的一侧剪开前后肌肉，打开腹腔，取出全部内脏，并且仔细将各个器官分离开，然后逐个观察。先观察内脏有无异常及异物或寄生虫，如鱼怪、线虫、舌状绦虫等，如发现有病原体，可用镊子或解剖针把它挑起，放到预备好的器皿里，并记明从哪个器官取下的。后用剪刀从靠咽喉部位的前肠和靠肛门的后肠剪断，取出整个内脏置于盘中，将肝脏、脾、鳔等器官逐个分开，再剪开肠管，去掉肠内食物残渣，仔细观察。尤其需要注意肝、胰脏是否有淤血、溃疡、肥大或者萎缩；肠道和胃中是否有食物或者充气现象；肾脏的颜色是否正常；腹腔内是否积有腹水、是否有寄生虫等。如鱼患细菌性肠炎，肠黏膜就会出血或充血，肛门会红肿。

三、显微镜检查和实验室检验

目检法主要是以症状为依据，据有快速便捷的优点，尤其对水霉病及一些大型的寄生动物引起的疾病的诊断率较高，但是一种疾病往往有几种症状同时表现出来，例如出血病会同时表现出肌肉充血和鳍条基部充血以及肠壁发炎充血等症状；另一方面，一种症状会在几种不同的疾病中同样出现，例如体瘦发黑、鳍条基部充血、蛀鳍等症状是细菌性赤皮病、疖疮病、烂鳃病所共有的症状，因此，许多情况下，除了目检初步诊断病情外，还需通过显微镜进一步准确诊断疾病的种类。

1. 显微镜检查

身体比较大的寄生虫如吸虫、线虫、绦虫、棘头虫、甲壳动物、鱼蛭

以及钩介幼虫等，一般可用压展法，将器官组织或内含物压成薄片，在双目解剖镜下检察；对于身体细小的原生动物，用镊子取少量组织或者黏液、血液等，用载玻片检查。方法是在每一处检查部位，均需制2～3片标本，刮取拟检部位的黏液或切取一小块病变组织，滴入适量蒸馏水或生理盐水，加盖玻片置显微镜下检查，寻找病原体。另外，原生动物容易死亡，因此先用载玻片法检查完原生动物之后，再检查其他病原体动物。在检查各器官时，注意不要将外壁弄破，以防止寄生虫从一个器官跑到另一外器官里。从各个器官取下的寄生虫，用清水冲洗，取出一小部分放在两个载玻片上，将其压成透明的薄膜，在放大镜或显微镜下观察即可。

2. 实验室检验

根据流行病学、症状观察及病理解剖的结果，若有必要，则可进行实验室检查。实验室检查的方法主要有免疫学诊断、组织病理诊断、病理生理诊断等方法。这是因为镜检时，检查那些比较大的寄生虫性病原体，用放大倍数低的显微镜和解剖镜即可；一般的细菌病原体在光学显微镜下可以检查出来，但单凭肉眼观察他们的形态，还不能确定它们的种类，需要进行分离、纯培养以及感染试验等一系列的对细菌形态、培养特征、生理生化反应等的观察测定，才能确定其病原体种类；对那些身体很小的病毒病原体，需要通过电子显微镜才能检查出来。

四、水质分析

对鱼进行一系列检验后，有时还需对水质进行一系列的检测，例如如果怀疑是中毒或营养不良引起的疾病，这就需要进行水质分析和饲料检测。

第二章

轻轻松松防治鱼病的关键——科学防治

第一节　鱼病防治的原则

为了尽量减少疾病对鱼类养殖造成的损失，我们必须采取相应的科学防治措施，在采取措施之前必须先了解几条鱼病基本的防治原则。经过总结，我们认为鱼病防治原则应包括以下几点：

一、防重于治、防治兼施

防重于治是防治动、植物疾病的共同原则，对于饲养的鱼类而言，意义更大。这是因为：

首先鱼生病的早期难以发现，诊断和治疗都比较麻烦。鱼类生活在水中，它们的活动、摄食等情况不易看清，这给正确诊断鱼病增加了困难。

其次治疗鱼病也不是件容易的事，家畜、家禽可以采用口服或注射法进行治疗，而对病鱼，特别是鱼种幼鱼，是无法采用这些方法的。由于鱼生病后，大多数已不摄食，又无法强迫它们摄食和服药，因此，患病后的鱼体不能得到应有的营养和药物治疗。在大批量饲养时，依靠注射给药是不现实的，也是很困难的。对鱼类疾病用口服法治疗，只限于尚在摄食的病鱼。

再次就是大批量饲养的鱼，当发现其中有鱼体生病时，就表明这批鱼可能都有不同程度的感染。鱼病蔓延迅速，一旦有几尾鱼生病，往往会给全池带来灭顶之灾。若将药物混入饵料中投喂，结果必然是没有患病的鱼吃药多，病情越重的鱼吃得越少，导致药物在患病鱼的体内达不到治病的剂量。另外某些鱼病发生以后，如患肠炎病的病鱼已失去食欲，即便是特效药，也无法进入鱼体。

第四就是有些鱼发病后，采用药物治疗往往见效甚小，如孢子虫病、复口吸虫病一旦发生，无专门药物医治，只能在清塘时，用药物杀死潜伏在鱼池中的孢子或传播鱼病的中间寄主（如螺类）。

第五就是现在专门为鱼类研制的特效药非常少，相当一部分鱼药就是沿用兽药。另一方面现在我们常用的鱼药，由于各种原因，不但让养殖户

给药困难，而且有的药物本身污染严重，会对养殖水体造成二次污染。

正是由于这些原因，在治疗鱼病时，想要做到每次都药到病除是不现实的。因此，鱼病主要依靠预防。即使发现病鱼后进行药物治疗，主要目的也只能是预防同一水体中那些尚未患病的鱼受感染和治疗病情较轻或者处于潜伏感染的鱼体，病情严重的鱼是难以治疗康复的。实践证明，在饲养管理中贯彻“以防为主”的方针，做好“四消”、“四定”工作，可以有效地预防鱼病的发生。

二、强化饲养管理、控制疾病传播

鱼类的部分疾病在发生前有一定的预兆，只要平时细心观察，及时发现并及早处理，是可以把疾病造成的损失控制在最小范围内的。

鱼类的良好生活环境是靠饲养者精心管理而形成的，所以保证鱼类生活在最适合的环境中，至少可以避免发生非病原体引起的如浮头、窒息、中毒等疾病的发生。

三、对症下药、按需治疗

许多养殖户在购买鱼药时，会发现一些鱼店宣称某种药物既能治这种疾病，又能治另一种疾病，既可治体表疾病，也可治疗体内疾病，好像他所售的药是万能的，凭我个人的经验可以负责地告诉你，没有一种鱼药是包治百病的，像这种药就是骗人的，用了后，鱼不但得不到及时的治疗，有时还会雪上加霜，加速鱼的死亡。

因此可以这样说，某种药物只能对某种疾病有疗效，因此在防治鱼病时，首先要认真进行检疫，对病鱼作出正确诊断，针对鱼所患的疾病，确定使用的药物及施药方法、剂量，才能发挥药物的作用，收到药到病除的效果。否则，如果随意用药，不但达不到防治效果，浪费了大量人力、物力，更严重的是可能耽误了病情，致使疾病加剧，造成巨大损失。在鱼类养殖中，往往几种鱼病并发，尤其是部分寄生虫感染后一般会继发性传染某些病毒性或细菌性疾病。在这种情况下，应采取“先急后缓、先主后次”的方针，先确定危害严重的疾病，首先施用药物，当这种疾病好转后，再着手治疗次要疾病。这是因为如果治疗没有主次、先后之分，同时施用几种药物，有可能毒害鱼类而造成死亡，这对于部分个体较小、对水质比较敏感的特种鱼类更有危害性。另一方面，几种药物同时使用时，可能相互之间发生理化作用，对治疗疾病失去效果。例如在鱼的体表上有小瓜虫寄生，鳃上又寄生斜管虫，同时并发烂鳃病时，在治疗时首先用2毫克/升浓度的福尔马林溶液浸洗，杀灭小瓜虫，同时也杀灭了斜管虫，然后用三氯异氰尿酸钠全池遍洒处理来治疗烂鳃病。

四、了解药物性能、科学用药

鱼病种类很多，当然为之开发的用于治疗疾病的药物也就很多了，有外用消毒药、内服驱虫药、氧化性药物，还有部分农药及染料类的药物。各种药物的理化性质不同，对鱼病的治疗效果及施用方法也各不相同，必须了解和掌握这些药物的基本情况、药物性能后，才能做到科学用药。

目前在渔业方面已经开发了一系列的绿色环保药物，但是远远没有被广泛利用，大多数养殖户仍然选用化学药品、农药、医用或兽用药物和中草药，这些药物都有其本身的理化特性、规格、剂型和使用方法，对鱼病的治疗效果及施用方法也各不相同，因此在使用前一定要了解其特性和使用方法。在治疗鱼病中，虽然能对症下药，用法也比较正确，但是如果忽视药物的特性，也可能起不到预期的治疗效果。例如漂白粉放置时间过长或保存不当，其有效氯的含量会降低或失效，因此在使用前要进行必要的测定后方能使用，否则，它的治疗效果可能会让你失望；高锰酸钾是强氧化性药物，在强光的照射下3分钟左右即失效，因此需避光保存和使用，并且提倡现配现用；硫酸亚铁如果变成土黄色或红褐色则会失去效果；敌百虫和生石灰同时使用时，就会产生部分敌敌畏，这是一种剧毒物质，对鱼类有极强的毒害作用；敌百虫有粉剂、晶体两种规格，在治疗鱼病时，一般选用90%的晶体敌百虫。

五、按规定的疗程和剂量用药

“是药三分毒”，因此我们要有这样的认识，各种鱼用药物既可以防治疾病，同时对鱼也是有毒害作用的，尤其是超量用药或不规范用药更会对鱼造成更大的毒害。所以，必须严格掌握药物的使用剂量。首先要正确地测量养殖水体的面积和水深，计算出水体体积，准确地估算池鱼的重量，从而计算出用药量，这样才能既安全又有效地发挥药物的作用；其次，养殖环境的变化，如水质的好坏、清洁情况等因素，对药物的作用和施药量也有一定的影响。可根据实际情况，酌情减少或增加用药量。再次，在遍洒药物时，最好在喂食后下药，同时要将药物完全溶解后施用，以免鱼类因饥饿而吞食溶解不完全的药物颗粒，造成鱼类误食后中毒死亡。

如果用药量过大，就有可能由于其毒性过大而影响鱼的正常生理机能，甚至造成鱼体中毒死亡；而用药量过小，又起不到防治疾病的作用。当然，每一种鱼用药物的用量也不是不可改变的，有时还需要根据水温、水质、鱼体的大小作适当的调整。不过，对用药剂量的调整是有一定的范围的，不能随意改变。

有些鱼用药物，如磺胺类和某些抗生素类药物，只有抑制致病菌的功能，不具有杀灭致病菌的能力，对于已经进入鱼体内的致病菌，只能依靠鱼体自身的防御机能将其消灭。所以，治疗鱼病需要一定的时间，而不能要求“立竿见影”，尽管暂时看不出疗效，也要按规定的疗程用药，不能随意延长或缩短用药的程序，以避免致病菌产生抗药性，更不能认为用药效果不好，随性改换药物，例如有一些养殖户，一看到池鱼生病了，就非常着急，今天用这种药，明天用另一种药，上午用消炎的，下午改用驱虫的，这是很不对的用药方法。从经济效益和治疗效果两方面衡量，适合治疗鱼病的药物本来就比较少，如果致病菌对一些鱼用药物产生了抗药性，可用的药物就更少了，最后还可能形成无药可用的局面。

六、用药前进行小范围药物试验

不同的鱼，甚至同一种鱼在不同的生长阶段对药物的适应能力和忍受能力有一定的差异，因此在用药前，可以选用 3～5 尾鱼进行药物试验，观察几小时甚至几天，如果没有不良反应且病情有明显好转时，可以进行大面积治疗。

七、大力推广健康养殖、实行生态综合防治

首先要制定合理的养殖模式，放养健康苗种，做好前期的强化培育

工作。

其次要保持水质处于良好状态是预防疾病发生的主要手段。

第三预防疾病必须与科学投饲结合起来。

第四做到日常管理与疾病预防相结合。

第二节　鱼病的预防措施

由于鱼类的个体较小，抵抗外界侵袭的能力较弱，对疾病传染比较敏感，它既是易感动物又是易传染疾病的载体，同时它还是许多人畜共患的病原体的中间宿主，所以对它的疾病预防显得很重要。

鱼类虽然生活在人为调控的小环境里，养殖人员的专业水平一般较高，可控性及可操作性也强，有利于及时采取有效的防治措施。但是它毕竟生活在水里，一旦生病尤其是一些内脏器官发病后，鱼的食欲基本丧失，常规治疗方法几乎失去效果，导致治疗起来比较困难，一般等治愈后都要或多或少的死掉一部分，尤其是幼鱼期更是如此，给养殖者造成经济和思想上的负担。因此对鱼病的治疗应遵循“预防为主，治疗为辅”的原则，按照“无病先防、有病早治、防治兼施、防重于治”的原理，加强管理，防患于未然，才能防止或减少鱼类因死亡而造成的损失。目前在养殖中常见的预防措施有：改善养殖环境，消除病害滋生的温床；加强鱼苗鱼种检验检疫，杜绝病原体传染源的侵入；加强鱼体预防，培育健康鱼种，切断传播途径；通过生态预防，提高鱼体体质，增强抗病能力等措施。具体可以从下面几点来进行。

一、改善好养殖环境，消除病原体滋生的温床

1. 鱼池修整

池塘是鱼类栖息生活的场所，同时也是各种病原生物潜藏和繁殖的地方，所以池塘的环境、底质、水质等都会给病原体的孳生及蔓延造成重要影响。

（1）环境　有许多鱼对环境刺激的应激性较强，因此一般要求鱼池建立在水、电、路三通且远离喧嚣的地方，鱼池走向以东西方向为佳，有利于冬春季节水体的升温；清除池边过多的野生杂草；在修建鱼池时要注意对鼠、蛇、蛙、鳝及部分水鸟的清除及预防。

（2）底质　鱼池在经过两年以上的使用后，淤泥逐渐堆积。如果淤泥过多，不但影响容水量，而且对水质及病原体的孳生、蔓延产生严重影响，所以说池塘清淤消毒是预防疾病和减少流行病暴发的重要环节。

池塘清淤工作主要有清除淤泥、铲除杂草、修整进出水口、加固塘堤等工作，排除淤泥的方法通常有人力挖淤和机械清淤，除淤工作一般在冬季进行，先将池水排干，然后再清除淤泥。清淤后的池塘最好经日光曝晒及严寒冰冻一段时间，以利于杀灭越冬的鱼病病原体。如果鱼池面积较大，清淤的工程量相当大，可用生石灰干法消毒。

（3）水质　在养殖水体中，生存有多种生物，包括细菌、藻类、螺、蚌、昆虫及蛙、野杂鱼等，它们有的本身就是病原体，有的是传染源，有的是传染媒介和中间宿主，因此必须进行药物消毒。常用的水体消毒药物有生石灰、漂白粉、鱼藤酮等，最常用且最有效果的当推生石灰。在生产实践中，由于使用生石灰的劳动力比较大，现在许多养殖场都使用专用的水质改良剂，效果挺好。

（4）池塘消毒处理　无论是养殖池塘还是越冬池，鱼苗鱼种进池前都要消毒清池。消毒清池的方法有多种，具体方法在后面将有详述。

2. 水泥池处理

在鱼类人工繁殖或者进行亲鱼专门培育或者进行一些特种水产养殖时，常常用到水泥池。水泥池的大小一般为 20 米^2 左右，进排水要分开，养殖池、观察池、隔离池、产卵池、孵化池也要独立，减少疾病交叉感染的概率。使用时间较长的水泥池宜用板刷刷洗池壁后再用二氧化氯制剂清洗。在处理好后，再将池水培育好，然后放鱼入池。

对新建水泥鱼池，使用前一定要经过认真洗净，还须盛满清水浸泡数天到一周，进行“退火”或“去碱”，目的是除去硅酸盐对鱼及水质的影响，其方法如下：一是用醋酸中和法。二是用碳酸氢钠（小苏打）或硫代硫酸钠浸泡两天后再用清水洗涤。三是用 50 千克水中溶解 12 克磷酸的比例，用这样的水浸洗新池 1～2 天，可达到去碱的目的，接着再用盐水或高锰酸钾溶液冲洗并注满水浸泡一周左右，换入新水，先放几尾鱼试养无妨后，再放鱼就安全了。四是用明矾溶于池水中（其浓度须达明矾饱和的程度），经2～3天后即可达到去碱目的，再换入新水，便可使用了。

二、改善水源及用水系统，减少病原菌入侵的概率

水源及用水系统是鱼病病原传入和扩散的第一途径。优良的水源条件应是充足、清洁、不带病原生物以及无人为污染有毒物质，水的物理、化学指标应适合于鱼的需求。用水系统应使每个养殖池有独立的进水和排水管道，以避免水流把病原体带入。养殖场的设计应考虑建立蓄水池，这样，可将养殖用水先引入蓄水池，使其自行净化、曝气、沉淀或进行消毒处理后再灌入养殖池，就能有效防止病原随水源带入。

科学管水和用水，目的是通过对水质各参数的监测，了解其动态变化，及时进行调节，纠正那些不利于养殖动物生长和影响其免疫力的各种因素。一般来说，必需监测的主要水质参数有pH、溶解氧、温度、盐度、透明度、总氨氮、亚硝基氮和硝基氮、硫化氢以及检测优势生物的种类和数量、异氧菌的种类和数量。

维持良好的水质不仅是养殖动物生存的需要，同时也是使养殖动物处在最适条件下生长和抵抗病原生物侵扰的需要。

三、科学引进水产微生物

1. 水产微生物的功能

在水产养殖过程中，通过科学引进一些水产微生物，对于预防鱼病、提高养殖成活率和养殖效益具有重要意义。根据研究表明，水产微生物的功能主要有以下几点：

（1）具去碳、去氮效果　如芽胞杆菌、碱杆菌属、假单孢菌、黄杆菌等复合菌有去除水中的碳、氮、磷系化合物的能力，并有转化硫、铁、汞、砷等有害物质的功能。

（2）具有杀灭病毒的效果　如枯草杆菌、绿脓杆菌具有分解病毒外壳的酶的功能而杀灭病毒。

(3) 对降解农药、减轻对鱼的污染具有显著效果　如假单孢菌、节杆菌、放线菌、真菌有降解转化化学农药的功能。

(4) 对水体中的颗粒有絮凝作用　如芽胞杆菌、气杆菌、产碱杆菌、黄杆杆菌等有生物絮凝作用。可以将水体中的有机碎屑结合成絮状体，使重金属离子沉淀，使水体清澈。

(5) 有一定的反硝化作用　如芽胞杆菌、短杆菌、假单孢菌都是好氧菌和兼性厌氧菌，以分子氧作最终电子载体，在供氧不充分的时间与空间，可以利用硝酸盐为最终电子载体起反硝化作用，提高 pH 值。

(6) 对池塘中的污泥有明显的消解作用　各种硝化细菌在消解碳、氮等有机污染的同时，也使有机污泥同时得到消解。

2. 常用水产微生物的种类

我们在养殖过程中，使用效果比较明显而且深受养殖户欢迎的水产微生物主要有以下几种：

(1) 光合细菌　目前在水产养殖上普遍应用的有红假单胞菌，将其施放在养殖水体后可迅速消除氨氮、硫化氢和有机酸等有害物质，改善水体，稳定水质，平衡其水体酸碱度。但光合细菌对于进入养殖水体的大分子有机物如残饵、排泄物及浮游生物的残体等无法分解利用。水肥时施用光合细菌可促进有机污染物的转化，避免有害物质积累，改善水体环境和培育天然饵料，保证水体溶氧；水瘦时应首先施肥再使用光合细菌，这样有利于保持光合细菌在水体中的活力和繁殖优势，降低使用成本。

由于光合细菌的活菌形态微细、比重小，若采用直接泼洒养殖水体的方法，其活菌不易沉降到池塘底部，无法起到良好的改善底环境的效果，因此建议全池泼洒光合细菌时，尽量将其与沸石粉合剂应用，这样既能将活菌迅速沉降到底部，同时沸石也可起到吸附氨的效果。另外使用光合细菌的适宜水温为 15～40℃，最适水温为 28～36℃，因而宜掌握在水温 20℃以上时使用，切记阴雨天勿用。

(2) 芽胞杆菌　施入养殖水体后，能及时降解水体有机物如排泄物、残饵、浮游生物残体及有机碎屑等，避免有机废物在池中的累积。同时有效减少池塘内的有机物耗氧，间接增加水体溶解氧，保持良好的水质，从而起到净化水质的作用。

当养殖水体溶解氧高时，其繁殖速度加快，因此在泼洒该菌时，最好

开动增氧机，以使其在水体快速繁殖并迅速形成种群优势，对维持稳定水色，营造良好的底质环境有重要作用。

（3）硝化细菌　硝化细菌在水体中是降解氨和亚硝酸盐的主要细菌之一，从而达到净化水质的作用。硝化细菌使用很简单，只需用池塘水溶解泼洒就可以了。

（4）EM菌　EM菌中的有益微生物经固氮、光合等一系列分解、合成作用，使水中的有机物质形成各种营养元素，供自身及饵料生物的生长繁殖，同时增加水中的溶解氧，降低氨、硫化氢等有毒物质的含量，提高水质质量。

（5）酵母菌　酵母菌能有效分解溶于池水中的糖类，迅速降低水中生物耗氧量，在池内繁殖出来的酵母菌又可作为鱼虾的饲料蛋白利用。

（6）放线菌　放线菌对于养殖水体中的氨氮降解及增加溶氧和稳定pH值有均有较好效果。放线菌与光合细菌配合使用效果极佳，可以有效地促进有益微生物繁殖，调节水体中微生物的平衡，可以去除水体和水底中的悬浮物质，亦可以有效地改善水底污染物的沉降性能、防止污泥解絮，起到改良水质和底质的作用。

（7）蛭弧菌　泼洒在养殖水体后，可迅速裂解嗜水气单胞菌，减少水体致病微生物数量，能防止或减少鱼、虾、蟹病害的发展和蔓延，同时对于氨氮等有一定有去除作用。也可改善水产动物体内外环境，促进生长，增强免疫力。

四、严格鱼体检疫、切断传染源

对鱼的疫病检测是针对某种疾病病原体的检查，目的是掌握鱼病病原的种类和区系，了解病原体对它感染、侵害的地区性、季节性以及危害程度，以便及时采取相应的控制措施，杜绝病原的传播和流行。

在鱼苗鱼种进行交流运输时，客观上使鱼体携带病原体到处传播，在新的地区遇到新的寄主就会造成新的疾病流行，因此一定要做好鱼体的检验检疫措施，将部分疾病拒之门外，从根本上切断传染源，这是预防鱼病的根本手段之一。在水产养殖迅速发展的今天，地区间苗种及亲本的交往运输日益频繁，国家间养殖种类的引进和移植也不断增加，如果不经过严格的疫病检测，就可能造成病原体的传播和扩散，引起疾病的流行。

五、建立隔离制度，以切断疫病传播蔓延的途径

鱼类疫病一旦发生，不论是哪种疾病，特别是传染性疾病，首先应采取严格的隔离措施，以切断疫病传播蔓延的途径。隔离就是对已发病的地区实行封闭，对已发病的池塘，其中的养殖动物不向其他池塘和地区转移，不排放池水，工具未经消毒不在其他池塘使用。与此同时，专业人员要勤于清除发病死亡尸体，及时掩埋或销毁，对发病动物及时做出诊断，确定对策和有无防治价值。每一个养殖场都应配备一定比例的隔离和疗伤池以备用。

六、苗种科学消毒

即使是健康的苗种，亦难免带有某些病原体，尤其是从外地运来的苗种。因此，必须先进行消毒，药浴的浓度和时间，根据不同的养殖种类、个体大小和水温灵活掌握。

(1) 食盐　这是鱼体消毒最常用的方法，配制浓度为3%～5%，洗浴10～15分钟，可以预防鱼的烂鳃病、三代虫病、指环虫病等。

(2) 漂白粉和硫酸铜合剂　漂白粉浓度为10毫克/升，硫酸铜浓度为8毫克/升，将两者充分溶解后再混合均匀，将鱼放在容器里洗浴15分钟，可以预防细菌性皮肤病、鳃病及大多数寄生虫病。

(3) 漂白粉　浓度为15毫克/升，浸洗15分钟，可预防细菌性疾病。

(4) 硫酸铜　浓度为8毫克/升，浸洗20分钟，可预防鱼波豆虫病、车轮虫病。

(5) 敌百虫　用10毫克/升的敌百虫溶液浸洗15分钟，可预防部分原生动物病和指环虫病、三代虫病。

(6) 聚乙烯吡咯烷酮碘　用50毫克/升的PVP-I（聚乙烯吡咯烷酮碘），洗浴10～15分钟，可预防寄生虫性疾病。

七、工具及时消毒

各种养殖用具，例如发病鱼使用的网具、塑料和木制工具等，常是病

原体传播的媒介，特别是在疾病流行季节。因此，在日常生产操作中，如果工具数量不足，应在消毒后方可使用。

八、食场定期消毒

食场是鱼类进食之处，由于食场内常有残存饵料，时间长了或高温季节腐败后可成为病原菌繁殖的培养基，就为病原菌的大量繁殖提供了有利场所，很容易引起鱼类细菌感染，导致疾病发生。同时食场是鱼群最密集的地方，也是疾病传播的地方，因此对于养殖固定投饵的场所，也就是食场，要进行定期消毒，是有效的防治措施之一，通常有药物悬挂法和泼洒法两种。

（1）药物悬挂法　可用于食场消毒的悬挂药物主要有漂白粉、硫酸铜、敌百虫等，悬挂的容器有塑料袋、布袋、竹篓，装药后，以药物能在5小时左右溶解完为宜，悬挂周围的药液达到一定浓度就可以了。

在鱼病高发季节，要定期进行挂袋预防，一般每隔15～20天为1个疗程，可预防细菌性皮肤病和烂鳃病。药袋最好挂在食台周围，每个食台挂3～6个袋。漂白粉挂袋每袋50克，每天换1次，连续挂3天；硫酸铜、硫酸亚铁挂袋，每袋可用硫酸铜50克、硫酸亚铁20克，每天换1次，连续挂3天。

（2）泼洒法　每隔1～2周在鱼类吃食后用漂白粉消毒食场1次，用量一般为250克，将溶化的漂白粉泼洒在食场周围。

九、合理放养，减少鱼体自身的应激反应

合理放养包含两方面的内容，一是放养的某一种类密度要合理，二是混养的不同种类的搭配要合理。合理放养是对养殖环境的一种优化管理，具有保持养殖水体中正常菌丛调节微生态平衡，预防传染病暴发流行的作用。

十、加强免疫防治工作

免疫防治疾病是利用鱼类自身具有的特异性与非特异性免疫功能，通

过疫苗、免疫激活剂、免疫增强剂等使鱼获得或增强免疫机能，对鱼类进行免疫接种是控制暴发性流行病最为有效的方法。

自 1942 年 Duff 成功使用第一个鱼用疫苗——疖疮口服疫苗以来，先后有十余种鱼用疫苗在欧美、日、中等国进行商品性生产及推广运用。对病毒性鱼病可以用这种免疫的方法，使鱼体获得特异性免疫能力，从而达到预防疾病发生的目的。

在利用免疫技术防治鱼病时就要用到疫苗，凡具有良好免疫原性的微生物，经繁殖和处理后制成的制品，接种动物后能产生相应的免疫力，能预防疾病的一类生物制剂均称为疫苗。

疫苗根据病原体的类别可分为细菌性疫苗、病毒性疫苗以及寄生虫性疫苗。根据疫苗获得的方法可分为灭活疫苗、弱毒疫苗、亚单位疫苗、基因重组疫苗、基因缺失疫苗、核酸疫苗等多种。

目前在我国使用的疫苗主要有：草鱼出血病灭活疫苗和鱼嗜水气单胞菌败血症灭活疫苗、草鱼出血病细胞弱毒冻干疫苗、草鱼细菌性烂鳃、赤皮、肠炎三联灭活疫苗等几种。

常用的免疫接种方法有注射法和浸泡法两种。注射法就是用医用注射器或鱼用连续注射器将疫苗注入鱼的体腔内。注射部位以腹鳍基部斜向进针最好，也可用背部肌肉注射法。免疫注射前，最好用 1/5000 浓度的晶体敌百虫对鱼体进行消毒和麻醉，既杀灭了体表寄生虫，又可减少注射药物时鱼挣扎受伤。浸泡法就是将疫苗配成一定的浓度后，将鱼放入浸泡液中浸泡，主要适用于个体较小的幼鱼和稚鱼。

这里我们介绍几种疫苗的具体使用方法。

(1) 草鱼出血病灭活疫苗　用于预防草鱼出血病。①浸泡法，体长 3 厘米左右草鱼采用尼龙袋充氧浸泡法。浸泡时疫苗浓度为 0.5%，并在每升浸泡液中加 10 毫克莨菪，充氧浸泡 3 小时。②注射法，体长 5 厘米以上草鱼采用注射法，先将疫苗用生理盐水稀释 10 倍，肌肉或腹腔注射，每尾 0.3～0.5 毫升。

(2) 鱼嗜水气单胞菌败血症灭活疫苗　预防淡水鱼类特别是鲤科鱼嗜水气单胞菌败血症。①浸泡法，取疫苗 10 毫升以清洁自来水稀释 100 倍，分批浸泡 100 千克鱼种，每批浸泡 15 分钟，同时以增氧泵增氧。②注射法，取疫苗，以灭菌注射水稀释 100 倍，每尾鱼腹腔注射 1 毫升。

(3) 草鱼出血病细胞弱毒冻干疫苗　用于预防草鱼出血病。肌肉或腹

腔注射（背鳍基部或腹鳍基部斜入0.2厘米深）。注射前每瓶冻干疫苗，加入6毫升左右的生理盐水，溶解冻干疫苗，然后从冻干瓶吸出溶解的疫苗，加入生理盐水中稀释至200毫升。体重0.5市斤以下的草鱼，每尾注射0.2毫升；0.5市斤以上的草鱼，每尾注射0.3毫升。（中国水产科学研究院珠江水产研究所）

（4）草鱼细菌性烂鳃、赤皮、肠炎三联灭活疫苗　用于由柱状屈挠杆菌引发的草鱼烂鳃、荧光极毛杆菌引发的赤皮、肠型点状产气单胞菌引发的肠炎等三病的预防。肌肉或腹腔注射。注射前将疫苗摇成均匀的混浊液。体重0.5市斤以下的草鱼种，每尾注射0.2毫升；0.5市斤以上，每尾注射0.3毫升。（中国水产科学研究院珠江水产研究所）

十一、科学投喂优质饵料

饵料的质量和投饵方法，不仅是保证养殖产量的重要措施，同时也是增强鱼类对疾病抵抗力的重要措施。养殖水体由于放养密度大，必须投喂人工饵料才能保证养殖群体有丰富和全面的营养物质转化成能量和机体有机分子。因此，科学地根据不同养殖对象及其发育阶段，选用多种饵料原料，合理调配，精细加工，保证各种鱼吃到适口和营养全面的饵料，不仅是维护其生长、生活的能量源泉，同时也是提高鱼类体质和抵抗疾病能力的需要。生产实践和科学试验证明，不良的饵料不仅无法提供鱼类成长和维持健康所必需的营养成分，而且还会导致免疫力和抗病力下降，直接或间接地使鱼类易于感染疾病甚至死亡。

优质饵料的投喂通常采用“四定”、“四看”投饲技术，它是增强鱼类对疾病抵抗力的重要措施。

定质：鱼的饵料要新鲜适口，不含病原体或有毒物质，投喂饵料前一定要过滤、消毒干净，以免将病菌和有害物质及害虫带入池塘使鱼患病。腐败变质的饵料坚决不可喂鱼。

定量：所投饵料在1小时内吃完为最适宜的投饵量，不宜时饥时饱，否则就会使鱼的消化机能发生紊乱，导致消化系统患病。

定时：指投喂要有规定的时间，一般是一天投喂1～2次，如果是投喂一次，通常在下午四时投喂，如果是每天投喂两次，一次在上午九点前投喂，另一次在下午四时左右投喂。

定位：食场固定在向阳无荫、靠近岸边的位置，既能养成鱼类定点定时摄食的习性，减少饵料的浪费，又有利于检查鱼的摄食、运动及健康情况。

看水色确定投饵量：当水色较浓时，说明水体中浮游微生物较多，可少投饵料，水质较瘦时应多投。

看天气情况确定投饵量：如果天气连续阴雨，鱼的食欲会受到影响，宜少投饵料，天气正常时，鱼的食欲和活动能力大大增强，此时可多投饵料。

看鱼的摄食情况确定投饵量：如果所投饵料能很快被鱼吃光，而且鱼只互相抢食，说明投饵量不足，应加大投饵量；如果所投饵料在一小时内吃完，说明饵料适宜；如第二次投喂时，仍见部分饵料未吃完，这可能是投喂过多或鱼体患病造成食欲降低，此时可适当减少投饵量。

看鱼只的活动情况确定投饵量：如果鱼活动能力不旺，精神萎靡，说明鱼可能患病，宜减少投饵量并及时诊治，对症下药，如果鱼群活动正常，则可酌情加大投饵量。

十二、建立信息预报体系

目前我国绝大多数养殖场和养殖户没有能力和条件对传染性流行病进行早期、快速检测，而地区间亲本、苗种及不同养殖种类的流通、运输又频繁。因此，有关行政管理部门要组织科研单位，到地方建立检测网络体系和信息预报。病害一旦发生，首先要通报，并断然采取隔离措施，避免疾病传播和蔓延。

第三节　疾病流行前的药物预防

一般疾病的流行都是有一定规律的，也是有一定的季节性的，如果我们掌握了这种规律，在疾病流行前做好必要的药物预防工作，可以起到事半功倍的作用。

一、体外疾病的药物预防

对鱼类体外疾病的预防主要是预防各种寄生虫在体表上的寄生、体表的创伤、环境的恶化等方面，常用的预防措施主要有全池泼洒、小容器的浸洗、食场消毒、挂袋预防和中草药沤制预防等。为了达到体外疾病的预防效果，在操作过程中必须注意以下几个要点：

① 鱼类对所施用的药物回避浓度应高于治疗浓度，否则就不能用这种药，因为用了此药后，浓度低了达不到应有的药效，浓度高了，会对鱼造成伤害。例如加州鲈鱼对90%敌百虫的50%回避浓度为0.04毫克/升，而全池泼洒的治疗浓度为不低于0.3毫克/升，所以就不能采用此法。又如鲢鱼对硫酸铜和硫酸亚铁（5∶2）的50%回避浓度为0.3毫克/升，而全池泼洒的治疗浓度为0.7毫克/升，所以也不能采用此法。

② 食场周围的药物浓度不宜过高或过低。理由很简单，药物浓度过低了，鱼类虽然来吃食了，但是药效太低而不能起到预防疾病的目的；药物浓度高了，鱼类根本就不来吃食，当然也就起不到预防效果了。所以第一次在食场周围挂袋预防后，操作人员要辛苦一些，蹲在食场周围观赏2～3个小时，看看鱼是不是正常来吃食，如果鱼类到达食场的数量要比平时少得多或根本看不到鱼到食场周围觅食，就说明药物浓度过高了，应及时减少用药量。如果鱼到食场周围数量和平时没有两样，说明药物可能少了一点，应及时加点剂量。最好的表现就是鱼也到食场周围了，也有觅食要求，但数量要比平时少20%～30%左右，而且在表现上有的鱼吃食，有的鱼不吃食，在周围到处逛逛，这说明药物浓度基本适中。在操作时可以采用少量多点的方法，也就是一次在食场周围挂8～10个药袋，每个药袋内装药80～150克漂白粉或100克的90%晶体敌百虫，具体的用量应根据食场大小和周围的水深以及鱼的反应而作适当调整。

③ 食场周围的药物浓度要能保持有效时间在2小时左右，这样才能保证迟来的鱼也能吃到食物并接受药物预防，当然了，为了提高药物的效果，可以重复几次。

④ 为了提高用物预防的效果，保证鱼类在挂袋用药时仍然前来吃食，在挂药前应适当停食1～2天，并在挂袋几天内有意识地选择鱼类最爱吃的食物，不过投喂量只能满足平时的70%，这样就能保证挂药后鱼类仍

然能及时到食场周围觅食。

⑤ 对于没有定点投喂的池塘，一定要先培养成定点摄食的习惯后再挂药，这种驯化的过程一般需要 10～15 天。

二、体内疾病的药物预防

体内疾病的药物预防有一定难度，它只能对有摄食欲望和摄食能力的鱼起作用，一般是采用口服法，而且也不可能像喂小孩或喂牲畜一样能强迫鱼类来吃食，因此我们只能将一些药物拌在饲料中制成颗粒药饵来投喂。体内疾病的药物预防也要注意以下几点：

① 药饵饲料必须选择鱼类爱吃的、营养丰富的饲料作为载体。

② 药饵的大小一定要适口，不同个体的鱼类预防时，选用药饵制成的粒径应与鱼类的口径相适应。

③ 药饵最好制成膨化颗粒饲料，确保在水中至少能稳定保持粒型 1 小时左右，鱼类吃食后能在肠胃里很快消化吸收。

④ 投喂时要注意投饵量要比平时略少一点，可掌握在平时投喂量的 70%～80%。这样的投喂量既能保证大部分鱼类都能吃到药饵，也能保证让所有鱼类吃个八成饱，第二天它们还能准时前来吃食，更重要的是确保所有的药饵能在一小时内被全部吃完，从而起到预防的作用。为了巩固药物效果，一般要连喂 3～5 天。

⑤ 在计算鱼类重量时，要注意一定要把能吃食或喜欢吃食这种药饵的水产动物（含需准备药物预防的鱼类、不准备药物预防的其他鱼类以及其他水产动物等）的体重都计算在内，这样计算出来的药饵数量和药物浓度才是准确的，才能直到预防作用。

第四节　池塘消毒清塘

池塘消毒清池的方法有多种，常用的有以下几种方法。

一、生石灰清塘

生石灰也就是我们所说的石灰膏，来源非常广泛，几乎所有的地方都

有，而且价格低廉，是目前能用于消毒清塘最有效的方法。它的缺点就是用量较大，使用时占用的劳动力较多，而且生石灰有严重的腐蚀性，操作不慎，会对人的皮肤等造成一定伤害，因此在使用时要小心操作。

1. 生石灰清塘的原理

生石灰清塘是公认的最佳消毒方法，生石灰清塘的原理是：生石灰遇水后就会发生化学反应，放出大量热能，产生具有强碱性的氢氧化钙，这种强碱能在短时间内使水体的酸碱度迅速提高到 11 以上，因此，用生石灰清塘能迅速杀死水体里的水生昆虫及虫卵、野杂鱼、青苔、病原体等，可以说是一种广谱性的清塘药物。

2. 生石灰清塘的优点

生石灰清塘可分干法清塘和带水清塘两种方法。通常都是使用干法清塘，在水源不方便或无法排干水的池塘才用带水清塘法。用生石灰清塘消毒，具有以下的优点：

一是灭害作用。用生石灰清塘时，通过与底泥的混合，能迅速而彻底地杀死隐藏在底泥中的泥鳅、黄鳝、乌鳢等各种杂害鱼，龙虾等有攻击性的水产，水蛆、水鳖虫等水生昆虫和虫卵，青苔、绿藻等一些水生植物，鱼类寄生虫、病原菌及其孢子和老鼠、水蛇、青蛙、蝌蚪、蚂蟥等敌害以及一些水生植物、寄生虫和病原菌，减少疾病的发生和传染，改善鱼类栖息的生态环境，是其他清塘药物无法取代的。

二是改良水质。由于生石灰清塘时，能放出强碱性物质，因此清塘后水的碱性就会明显增强。由于碱的游离，可以中和淤泥中的各种有机酸，改变酸性环境。这种碱性能通过絮凝作用使水中悬浮状的有机质快速沉淀，对浑浊的池水能适当起到澄清的作用，这非常有利于浮游生物的繁殖，那些浮游生物又是鱼类的天然饵料之一，因此有利于促进鱼类的生长。

三是改良土质和肥水效果。生石灰清塘时，遇水作用产生氢氧化钙，氢氧化钙继续吸收水生动物呼吸作用放出的二氧化碳生成碳酸钙沉入池底，可提高池水的碱度和硬度，增加缓冲能力，提高水体质量。这一方面可以有效降低水体中二氧化碳的含量，钙离子浓度增加，pH 值升高；另一方面碳酸钙能起到疏松土层的效果，改善底泥的容气条件，同时加速细菌分解有机质，并能快速释放出长期被淤泥吸附的氮、磷、钾等营养盐类，从而增加了水的肥度，可让池水变肥，同时钙离子本身是浮游植物和水生动物不可缺少的营养元素，间接起到了施肥的作用，促进鱼类天然饵料的繁育，当然也就促进鱼类的生长。一般用生石灰清塘，7～10 天浮游生物可达高峰，有利于鱼类生长。

3. 干法清塘

是在修整鱼塘后，在鱼种放养前 20～30 天，排干池水，保留水深 5 厘米左右，并不是要把水完全排干，在池底四周和中间多选几个点，挖成一个个小坑，小坑的面积约 2 米^2 即可，小坑的多少，以能泼洒遍及全池为限，将生石灰倒入小坑内，用量为每亩池塘用生石灰 40 千克左右，加水后生石灰会立即溶化成石灰浆水，同时会放出大量的烟气和发出咕嘟咕嘟的声音，这时要趁热向四周均匀泼洒，池塘的堤岸、边缘和鱼池中心以及洞穴都要洒遍到。为了提高消毒效果，第二天可用铁耙再将池底淤泥耙动一下，使石灰浆和淤泥充分混合，否则泥鳅、乌鳢和黄鳝钻入泥中杀不死。然后再经 3～5 天晒塘后，灌入新水，经试水确认无毒后，就可以投放鱼种。

4. 带水清塘

对于那些排水不方便或者是为了赶时间时，可采用带水清塘的方法。这种消毒措施速度快，效果也好。缺点是石灰用量较多。

鱼种投放前 15 天，每亩水面水深 50 厘米时，用生石灰 150 千克溶于水中后，将生石灰放入大木盆、小木船、塑料桶等容器中化开成石灰浆水，操作人员穿防水裤下水，将石灰浆全池均匀泼洒（包括池坡），鱼沟处用耙翻一次，用带水法清塘虽然工作量大一点，但它的效果很好，可以把石灰水直接灌进池埂边的鼠洞、蛇洞、泥鳅和鳝洞里，能彻底地杀死病害。

还有一种方法就是将生石灰盛于箩筐中，悬于船后，沉入水中，划动小船在池中来回缓行，使石灰溶浆扩散入水中。

5. 巧用生石灰

对于水产养殖者来说，生石灰是个好东西，来源广、效果好，而且功

能也很强大，我们在养殖时一定要做好利用生石灰的这门学问。

(1) 可用作水质调节剂　如果水产养殖的池塘水质呈酸性、老化时，这时可用浓度为15～20毫克/升的生石灰液全池泼洒，能够调节水质，改善水体养殖环境。另外，定期在主养甲壳类水生动物的池塘泼洒生石灰液，可有效增加水体的钙含量，有利于甲壳类动物壳质的形成和促进蜕壳的顺利进行。

(2) 可用作防霉剂　部分用于水产养殖的饲料，特别是用秸秆类制作的饲料，存放一定时间会发生霉变，若在饲料中加入一定量的生石灰，使其处于碱性条件下，可抑制和杀死微生物，从而起到一定的防霉保鲜作用。

(3) 可用作池塘涵洞的填料剂　在池塘中埋入进、排水管道时，用生石灰作为填料堵塞管道周围的缝隙，既可以填充缝隙，又能防止黄鳝、蛇、鼠等顺着管道打洞，效果较好。

(4) 可用作消毒剂　前文已经讲述。

6. 生石灰使用时应注意的问题

在鱼池中使用生石灰，无论是干法消毒还是带水消毒，都要注意几个问题：第一是生石灰的质量影响清塘效果，因此生石灰的选择，最好是选择质量好的生石灰，质量好坏是可以鉴别的，很方便也很容易，就是那些没有风化的新鲜石灰，呈块状、较轻、不含杂质、遇水后反应剧烈且体积膨大得明显，就是好的生石灰。清塘不宜使用建筑上袋装的生石灰，袋装的生石灰杂质含量高，其有效成分氧化钙的含量比块状的低，如只能使用袋状生石灰应适当增加用量，另外有些已经潮解的石灰会减弱它的功效，也不宜使用。

第二是要科学掌握生石灰的用量，以上介绍的只是一个参考用量，具体的用量还要在实践中摸索。石灰的毒性消失期与用量有关，如果石灰质量差或淤泥多时要适当增加石灰用量。

第三是在用生石灰消毒时，就不要施肥，这是因为一方面肥料中所含的离子氨会因pH值升高转化为非离子氨，这种非离子氨是有毒性的，对鱼会产生毒害作用。另一方面是肥料中的磷酸盐会和石灰释放出来的钙离子发生化学反应，变成难溶性的磷酸钙，从而明显降低肥效。

第四就是在用生石灰消毒时，也不要与含氯消毒剂或杀虫剂同时使

用，这是因为它们在同时使用时，就会产生拮抗作用，从而降低了水体消毒的功效。

第五就是池塘消毒宜在晴天进行。阴雨天气温低，影响药效，一般水温升高10℃药效可增加一倍。早春水温3～5℃时要适当地增加用量30%～40%，尤其是对底层鱼如泥鳅较多的鱼池，更应适当增加用量。

最后一点就是生石灰的具体使用要根据鱼池中的pH值具体情况而定，不可千篇一律，生石灰清塘最好随用随买，一次用完，效果较好。放置时间久了，生石灰会吸收空气中的水分和二氧化碳生成碳酸钙而失效。若购买了生石灰正巧天气不好，最好用塑料薄膜覆盖，并做好防潮工作。

二、漂白粉清塘

1. 漂白粉清塘的原理

漂白粉是一种常用的粉剂消毒剂，家中的自来水消毒用的就是漂白粉，清塘的效果与生石灰相近，其作用原理不同。当它遇到水后也能产生化学反应，放出次氯酸和氯化钙。漂白粉遇水后有一种强烈的刺鼻味道，这就是次氯酸，不稳定的次氯酸会立即分解放出氧原子，初生态氧有强烈的杀菌和杀死敌害生物的作用。因此，漂白粉具有杀死野杂鱼和其他敌害的作用，杀菌效力很强。

2. 漂白粉清塘的优点

漂白粉清塘时的优点与生石灰基本相同，能杀死鱼类、蛙类、蝌蚪、螺、水生昆虫、寄生虫和病原体，但是它的药性消失比生石灰更快，而且用量更少，但没有生石灰的改良水质和使水变肥的作用，用漂白粉后，池塘不会形成浮游生物高峰，且漂白粉容易潮解，易降低药效，使含氯量不稳定。因此在生石灰缺乏或交通不便的地区或劳动力比较紧张的地区，我们建议采用这个方法更有效果，尤其是对一些急于使用的池塘更为适宜。

3. 带水消毒

和生石灰消毒一样，漂白粉消毒也有干法消毒和带水消毒两种方式。

在用漂白粉带水清塘时，要求水深0.5～1米，漂白粉的用量为每

667 米^2 池面用 10～15 千克。漂白粉清塘，操作方便，省时省力，先用木桶或瓷盆内加水将漂白粉完全溶化后，全池均匀泼洒，也可将漂白粉顺风撒入水中即可，然后划动池水，使药物分布均匀，一般用漂白粉清池消毒后 3～5 天即可注入新水和施肥，再过两三天后，就可投放鱼种进行饲养。

4. 干法消毒

在漂白粉干塘消毒时，用量为每 667 米^2 池面用 5～8 千克，使用时先用木桶加水将漂白粉完全溶化后，全池均匀泼洒即可。

5. 注意事项

首先是漂白粉一般含有效氯 30%左右，清塘用量按漂白粉有效氯 30%计算。由于它具有易挥发的特性，因此在使用前先对漂白粉的有效含量进行测定，在有效范围内（含有效氯 30%）方可使用，如果部分漂白粉失效了，这时可通过换算来计算出合适的用量。目前，市场上有二氯异氰尿酸钠、三氯异氰尿酸钠、三氯异氰尿酸等含氯药物亦可使用，但应计算准确。

其次是漂白粉极易挥发和分解，释放出的初生态氧容易与金属起作用。因此，漂白粉应密封在陶瓷容器或塑料袋内，存放在阴凉干燥地方，防止失效。加水溶解稀释时，不能用铝、铁等金属容器，以免被氧化。

再次是操作时要注意安全，漂白粉的腐蚀性强，不要沾染皮肤和衣物。操作人员施药时应戴上口罩，并站在上风处，顺风泼洒，以防中毒。

第四就是漂白粉的药性，与温度也有关，所以在早春时分也应增加用量。

最后是漂白粉的消毒效果常受水中有机物影响，如鱼池水质肥、有机物质多，清塘效果就差一些。

三、生石灰、漂白粉交替清塘

有时为了提高效果，降低成本，就采用生石灰、漂白粉交替清塘的方法，比单独使用漂白粉或生石灰清塘效果好。也分为带水消毒和干法消毒两种，带水清塘，水深 1 米时，每亩用生石灰 60～75 千克之后加漂粉5～7 千克。

干法清塘，水深在10厘米左右，每亩用生石灰30～35千克之后用漂白粉2～3千克，化水后趁热全池泼洒。使用方法与前面两种相同，7天后即可放鱼种，效果比单用一种药物更好。

四、漂白精消毒

干法消毒时，可排干池水，每亩用有效氯占60%～70%的漂白精2～2.5千克。

带水消毒时，每亩每米水深用有效氯占60%～70%的漂白精6～7千克，使用时，先将漂白精放入木盆或搪瓷盆内，加水稀释后进行全池均匀泼洒。

五、茶粕清塘

茶粕是广东、广西常用的清塘药物。它是山茶科植物油茶、茶梅或广宁茶的果实榨油后所剩余的渣滓，形状与菜饼相似，双叫茶籽饼。茶粕含皂苷，是种溶血性毒素，能溶化动物的红细胞而使其死亡。水深1米时，每亩用茶粕25千克。将茶粕捣碎成小块，放入容器中加热水浸泡一昼夜，然后加水稀释连渣带汁全池均匀泼洒。在消毒10天后，毒性基本上消失，可以投放鱼种进行养殖。

注意的是，在选择茶粕时，尽可能地选择黑中带红、有刺激性、很脆的优质茶粕，这种茶粕的药性大，消毒效果好。

六、生石灰和茶碱混合清塘

此法适合池塘进水后用，把生石灰和茶碱放进水中溶解后，全池泼洒，生石灰每亩用量50千克，茶碱10～15千克。

七、鱼藤酮清塘

鱼藤酮又名鱼藤精，是从豆科植物鱼藤及毛鱼藤的根皮中提取的，能溶解于有机溶剂，对害虫有触杀和胃毒作用，对鱼类有剧毒。使用含量为

7.5%的鱼藤酮的原液，水深1米时，每亩使用700毫升，加水稀释后装入喷雾器中遍池喷洒。能杀灭几乎所有的敌害鱼类和部分水生昆虫，对浮游生物、致病细菌和寄生虫没有什么作用。效果比前几种药物差一些，毒性7天左右消失，这时就可以投放鱼种了。

八、巴豆清塘

巴豆是江浙一带常用的清塘药物，近年来已很少使用，而被生石灰等取代。巴豆是大戟科植物的果实，所含的巴豆素是一种凝血性毒素，只能杀死大部分敌害杂鱼，能使鱼类的血液凝固而死亡。对致病菌、寄生虫、水生昆虫等没有杀灭作用，也没有改善土壤的作用。

在水深10厘米时，每亩用5～7千克。将巴豆捣碎磨细装入罐中，也可以浸水磨碎成糊状装进酒坛，加烧酒100克或用3%的食盐水密封浸泡2～3天，用池水将巴豆稀释后连渣带汁全池均匀泼洒。10～15天后，再注水1米深，待药性彻底消失后放养幼蟹。

要注意的是，由于巴豆对人体的毒性很大，施巴豆的池塘附近的蔬菜等，需要过5～6天以后才能食用。

九、氨水清塘

氨水是一种挥发性的液体，一般含氮12.5%～20%左右，是一种碱性物质，当它泼洒到池塘里，能迅速杀死水中的鱼类和大多数的水生昆虫。使用方法是在水深10厘米时，每亩用量60千克。在使用时要同时加三倍左右的塘泥，目的是减少氨水的挥发，防止药性消失过快。一般是在使用一周后药性基本消失，这时就可以放养鱼种了。

十、二氧化氯清塘

二氧化氯消毒是近年来才渐渐被养殖户所接受的一种消毒方式，它的消毒方法是先引入水源后再用二氧化氯消毒，用量为每米水深10～20千克/亩，7～10天后放苗，该方法能有效杀死浮游生物、野杂鱼虾类等，防止蓝绿藻大量滋生，放苗之前一定要试水，确定安全后才可放苗。值得注意的是，由于二氧化氯具有较强的氧化性，加上它易爆炸，容易发生危险事故，因此在储存和消毒时一定要做好安全工作。

上述的清塘药物各有其特点，可根据具体情况灵活掌握使用。使用上述药物后，池水中的药性一般需经 7～10 天才能消失，放养鱼种前最好“试水”，确认池水中的药物毒性完全消失后再行放种。

第五节　鱼病的治疗原则

鱼病的生态预防是“治本”，而积极、正确、科学地利用药物治疗鱼病则是“治标”，本着“标本兼治”的原则，对鱼病进行有效治疗，是降低或延缓鱼病的蔓延、减少损失的必要措施。

一、鱼病治疗的总体原则

“随时检测、及早发现、科学诊断、正确用药、积极治疗、标本兼治”是鱼病治疗的总体原则。

二、鱼病的具体治疗原则

1. 先水后鱼

“治病先治鳃，治鳃先治水”，对鱼类而言，鳃比心脏更重要，各种鳃病是引起鱼类死亡的最重要病害之一。鳃不仅是氧气和二氧化碳进行气体交换的重要场所，也是钙、钾、钠等离子及排泄物交换的场所。因此，只有尽快地治疗鳃病，改善其呼吸代谢机能，才能有利于防病治病。而水环境中的氨、亚硝酸盐及水体过酸或过碱的变化都直接影响鳃组织，并影响呼吸和代谢，因此，必须先控制生态环境，加速水体的代谢。

2. 先外后内

先治理体外环境，包括水体与砂质、体表，然后才是体内即内脏疾病

的治疗，也就是“先治表后治本”。先治疗各种体表疾病，这也是相对容易治疗的疾病，然后再通过注射、药饵等方法来治疗内脏器官疾病。

3. 先虫后菌

寄生虫尤其是大型寄生虫对鱼类体表具有巨大的破损能力，而伤口正是细菌入侵感染的途径，并由此产生各种并发症，所以防治病虫害就成为鱼病防治的第一步。

第六节　鱼病常用治疗方法

鱼患病后，首先应对其进行正确而科学的诊断，根据病情病因确定有效的药物；其次是选用正确的给药方法，充分发挥药物的效能，尽可能地减少副作用。不同的给药方法，决定了对鱼病治疗的不同效果。

常用的鱼给药方法有以下几种：

一、挂袋（篓）法

即局部药浴法，把药物尤其是中草药放在自制布袋或竹篓或袋泡茶纸滤袋里挂在投饵区中，形成一个药液区，当鱼进入食区或食台时，使鱼体得到消毒和杀灭鱼体外病原体的机会。通常要连续挂三天，常用药物为漂白粉和敌百虫。另外池塘四角水体循环不畅，病菌病毒容易滋生繁衍；靠近底质的深层水体，有大量病菌病毒生存；茭草、芦苇密生的地方，很难泼洒药物消毒，病原物滋生更易引发鱼病；固定食场附近，鱼的排泄物、残剩饲料集中，病原物密度大。对这些地方，必须在泼洒消毒药剂的同时，进行局部挂袋处理，比重复多次泼洒药物效果好得多。

此法只适用于疾病的预防及早期治疗。优点是用药量少，操作简便，没有危险及副作用小。缺点是杀灭病原体不彻底，只能杀死食场附近水体的病原体和常来吃食的鱼体表面的病原体。

二、浴洗（浸洗）法

这种方法就是将有病的鱼集中到较小的容器中，放在特定配制的药液中进行短时间强迫浸浴，来达到杀灭鱼体表和鳃上的病原体的目的，它适用于个别鱼或小批量患病的鱼。药浴法主要是驱除体表寄生虫及治疗细菌性的外部疾病，也可利用鳃或皮肤组织的吸收作用治疗细菌性内部疾病。具体用法如下：根据病鱼数量决定使用的容器大小，一般可用面盆或小缸，放2/3的新水，根据鱼体大小和当时的水温，按各种药品剂量和所需药物浓度，配好药品溶液后就可以把病鱼浸入药品溶液中治疗。

浴洗时间也有讲究，一般短时间药浴时使用浓度高、时间短，常用药为亚甲基蓝、红药水、敌百虫、高锰酸钾等，长时间药浴则用食盐水、高锰酸钾、福尔马林、呋喃剂、抗生素等。具体时间要按鱼体大小、水温、药液浓度和鱼的健康状况而定。一般鱼体大、水温、药液浓度低和健康状态尚可，则浴洗时间可长些。反之，浴洗时间应短些。

值得注意的是，浴洗药物的剂量必须精确，如果浓度不够，则不能有效地杀灭病菌；浓度太高，易对鱼造成毒害，甚至死亡。

洗浴法的优点是用药量少，准确性高，不影响水体中浮游生物生长。缺点是不能杀灭水体中的病原体，况且拉网捕鱼既麻烦又伤鱼，所以通常作转池或运输前后预防消毒用。

三、泼洒法

就是根据鱼的不同病情和池中总的水量算出各种药品剂量，配制好特定浓度的药液，然后向鱼池内慢慢泼洒，使池水中的药液达到一定浓度，从而杀灭鱼体及水体中病原体。如果池塘的面积太大，则可把病鱼用渔网牵往鱼池的一边，然后将药液泼洒在鱼群中，从而达到治疗的目的。

泼洒法的优点是杀灭病原体较彻底，预防、治疗均适宜。缺点是用药量大，易影响水体中浮游生物的生长。

四、内服法

就是把治疗鱼病的药物或疫苗掺入病鱼喜吃的饲料中，或者把粉状的饲料挤压成颗粒状、片状后来投喂鱼，从而达到杀灭鱼体内病原体的一种方法。但是这种方法常用于预防或鱼病初期，同时，这种方法有一个前提，即在鱼类自身一定要有食欲的情况下使用，一旦病鱼已失去食欲，此法就不起作用了。一般用3～5千克面粉加氟哌酸1～2克或复方新诺明2～4克加工制成饲料，可鲜用或晒干备用。喂时要视鱼的大小、病情轻重、天气、水温和鱼的食欲等情况灵活掌握，预防治疗效果良好。

内服法适用于预防及治疗初期病鱼，当病情严重，病鱼已停食或减食时就很难收到效果。

五、注射法

对各类细菌性疾病注射水剂或乳剂抗生素的治疗方法，常采取肌内注射或腹腔内注射的方法将药物注射到病鱼腹腔或肌肉中杀灭体内病原体。

注射前鱼体要经过消毒麻醉，适于水温低于15℃的天气，以鱼抓在手中跳动无力为宜。注射方法和剂量：肌内注射，注射部位宜选择在背鳍基部前方肌肉丰厚处。如果是采用腹腔注射，注射部位宜选择在胸鳍基部无鳞突起处。一般采用腹腔注射，深度不伤内脏为宜。10～15厘米的鱼用0.3厘米针头，20厘米以上选用0.5厘米的针头，进针45°角。剂量10～15厘米的鱼每尾0.2毫升，20厘米至250克以下的每尾0.3毫升。250克以上的鱼种0.5毫升。注意：要使用连续注射器，刺着骨头要马上换位，体质瘦弱的鱼不要注射。

注射法的优点是鱼体吸收药物更为有效、直接、药量准确，且吸收快、见效快、疗效好，缺点是太麻烦也容易弄伤鱼体，且对小型鱼和幼鱼无法使用。所以此法一般只适用于亲鱼和名贵鱼类的治疗，人工疫苗通常也是注射法。

六、手术法

指将鱼体麻醉后，用手术的方法治疗鱼的外伤或予以整形。对患寄生虫的病鱼，可用手工摘除寄生虫，再将患病处涂上药物进行治疗。如鱼体病得较严重，常采取多种治疗方法，如同时口服和药浴，或注射抗生素，然后进行手术。用手术法治疗鱼病，在观赏鱼中，常用来治疗龙鱼和锦鲤的鳞片疾病、鳃部疾病和鳍条疾病。

七、涂抹法

以高浓度的药剂直接涂抹鱼体患病处，以杀灭病原体。主要治疗外伤及鱼体表面的疾病，一般只能对较大体形的鱼进行，涂抹法适用于检查亲鱼及亲鱼经人工繁殖后下池前检查，在人工繁殖时，如果不小心在采卵时弄伤了亲鱼的生殖孔，就用涂抹法处理。常用药为红药水、碘酒、高锰酸钾等。涂抹前必须先将患处清理干净后施药。注意涂抹时鱼头要高于鱼尾，不要将药液流入鱼鳃。优点是药量少、方便、安全、副作用小。

八、浸沤法

只适用于中草药预防鱼病，将草药扎捆浸沤在鱼池的上风头或分成数堆，杀死池中及鱼体外的病原体。

九、生物载体法

即生物胶囊法。当鱼体生病时，一般都会食欲大减，生病的鱼很少主动摄食，要想让它们主动摄食药饵或直接喂药就更难，这个时候必须把药包在鱼只特别喜欢吃的食物中，特别是鲜活饵料中，就像给小孩喂食糖衣药片或胶囊药物一样可避免药物异味引起厌食。生物载体法就是利用饵料生物作为运载工具把一些特定的物质或药物摄取后，再由鱼捕食到体内，经消化吸收而达到促进发育、生长、成熟及治疗疾病的目的，这类载体饵料生物有丰年虫、轮虫、水蚤、面包虫及蝇蛆等天然活饵。丰年虫是鱼类的万能诱饵，不管是大鱼、小鱼还是病鱼都喜欢吃它，丰年虫为非选择性滤食海水甲壳动物，凡是50微米以下大小的颗粒均可滤食，将用于治病的难溶性药物研成粉末放入适量海水中拌匀，用来投喂丰年虫，过1～2小时，看到丰年虫肠道充满药物颜色的物质即可拿去投喂病鱼，使丰年虫肠道中的药物及时在病鱼体内产生效果。

第七节　疗效的判定

养殖水体里的鱼生病了，经过技术人员的诊断，又对症下药了，那么我们如何对鱼病的用药效果及治疗的结果进行科学判定呢？一般我们是通过以下几个方面来进行判定的：

一、根据施药后鱼类的活动情况

在施用药物后，必须密切关注鱼类的一切动态，要认真观察、记录，注意鱼类的活动情况及病鱼死亡情况。在施药的24小时尤其是在用药后的12小时内，要有专人看管，随时注意鱼类的动态，若发现不正常情况，及时采取适当措施，严重时，应立即换水抢救；如果一切正常，则需观察并记录患病鱼类的死亡情况，以利分析和总结防治鱼病的经验，不断提高防治技术。

二、根据鱼类的死亡数量

毫无疑问，一般是鱼塘里有死鱼出现时，养殖户才会主动用药，如果在用药后7天内鱼类的死亡数量逐渐下降，甚至不再死亡，则表明药物疗效显著；如果死亡数比用药前减少，表明有疗效；如果用药5天后，死亡数量不减或增加，就可以判定本次的药物治疗无效，应做进一步检查，分析病因，制定新的治疗方案。

另一方面，口服药物饲料仅能治疗或预防病情较轻的鱼，对已丧失食欲的鱼则没有效果；全池泼洒药物治疗时，病情严重的鱼，可能在用药后

1～2 天内死亡数量明显增加，这属正常现象，是药物刺激的必然结果。因此，不能仅在用药 1～2 天后见到鱼还在死亡，就判断药物无效而改换其他药物，也不能一天施一种药，天天换药，或者急于求成，乱加 1～5 倍药量，致使鱼的病情更加严重，损失更大。

三、根据鱼类的摄食情况

一般来说，鱼生病后，它们的食欲会下降，摄食量也会下降，因此当鱼药施用后，如果摄食量能逐步回升，并在一个疗程后能恢复到健康时的水平，说明药物治疗有效；如果用药五天后，鱼的摄食量依然没有回升，就说明本次治疗无效。

四、依据鱼类的病理症状

不同的疾病是有不同的典型症状的，如果在用药后，鱼类的典型病理状况能得到改善，甚至这些症状能消失，那就可以判定药物有效；如果用药 5 天后，鱼类的患病症状依然显著，说明治疗没有效果。

五、根据不同药物的性能进行综合判定

前面四条是最主要的疗效判定方法，也是肉眼最能直观进行评价的指标，作为现代渔业，对鱼病的治疗效果进行评价时，还需要从“三效”、“三小”和“无三致”三个方面进行综合评定。三效就是指药物施用后应具有高效、速效和长效；三小就是指药物的毒性小、副作用小和使用剂量也要小；无三致就是要求药物施用后，生病的鱼不能发生致畸、致癌和致突变。当然我们在进行评定时，还必须根据不同药物的性能进行综合判定，这是因为不同的药物，疗效评价标准也是有一定差别的，应作具体分析。比如使用中草药时，由于中草药具有作用温和、副作用小、疗效好的优点，可以判定为是一种良药，但是它的缺点就是疗程长，疗效不能快速显现；有些药物虽然能达到高效、速效和长效，但是对养殖环境和鱼类尤其是部分特种水产品的毒副作用大，因此只能称为是有效药物，但不能称为好药。

第三章

轻轻松松防治鱼病的药物
——常用渔药

选好鱼药是治疗鱼病的前提条件，当今，选用药物的趋势是向着“三效”“三小”“无三致”和“五方便”方向发展。

“三效”“三小”“无三致”前文讲过；五方便是指鱼药使用时要起到生产方便、运输方便、储藏方便、携带方便、使用方便的效果。

第一节　常用渔药的种类

一、渔用药物剂型

目前，我们常用的水产药物剂型有：粉剂型、乳油型、晶体型、颗粒型、液体型。

一般粉剂型药物通常是消毒剂、内服药物，也有少量的杀虫剂和水质改良剂。常常不同粉剂的药物有不同的颜色，主要是载体不同引起的。

乳油型、晶体型药物通常是杀虫剂。

液体型药物通常是水剂的消毒剂以及水质改良剂。

颗粒型或片剂型药物通常是消毒剂，如目前常用的水产用二溴海因颗粒等等。

二、常见渔药的类别

治疗鱼病的常用药，根据其特点及作用大致上可以分为以下几类：

1. 消毒杀菌药

主要用来消除或杀灭环境中的病原微生物及其他有害微生物，用药时对机体内的组织细胞有一定的伤害作用。常用消毒剂有醛类、盐类、碱类、卤素类、染料类、氧化剂、重金属盐等。

2. 杀虫驱虫药

主要用来杀灭或驱赶寄生（附着）在鱼类体表的寄生虫。常用的杀虫

驱虫药有盐类、醛类、重金属类、染料类、碱类、农药类、氧化剂。

3. 口腔内服药

用于消除体内寄生虫或微生物的化学药品，常用的药物主要有磺胺类、抗生素等。

4. 体腔注射药

通过液体药物的注射来杀灭病毒、细菌等病原体，可用相应的人药或兽药来替代。

5. 中草药

这是中药与草药的总称，利用中药性能持久、释放缓慢、无副作用或副作用小、残留少、疗效稳定的优点来治疗鱼病。中草药的治疗方式有两种，一种是将其破碎后添加在饲料中给鱼口服；另一种是将中草药熬成汁液，兑水后全池泼洒，常用的中草药有大黄、大蒜、五倍子、地锦、穿心莲等。

三、外用消毒药的种类及用法用量

1. 福尔马林

这是醛类药物，是含甲醛 37%～40%的液体。对各种微生物、寄生虫具有杀灭作用，常用于消灭鱼类体表和鳃部的病原微生物和寄生性原生动物类，并可用于水体消毒。

药浴浓度：20～30 毫克/升。

2. 漂白粉

又叫含氯石灰、氯化石灰。这是卤素类的含氯消毒剂，是次氯酸钙、氯化钙和氢氧化钙的混合物，是使用了多年的第 1 代消毒剂。为广谱消毒剂，杀菌效果比生石灰强，对病毒、细菌、真菌均有不同程度的杀灭作用。在空气中易吸收二氧化碳和水分，缓缓地分解失效。在阳光或炎热的环境中，也能分解。用于消毒的漂白粉，应使用含氯量达到 32%以上的，含氯量低于25%的不能使用，药性失效时间为4～5天。用于治疗细菌性鳃病、打印病、赤皮病等传染性鱼病。

预防：挂篓和遍洒，每月1～2次，使饲养水中的药物浓度达到1毫克/升。用于放养前的水体消毒，使用浓度为20～30毫克/升，养殖过程中的水体消毒，一般使用1～2毫克/升。

治疗：遍洒，使水体成5～20毫克/升的浓度。

3. 优氯净

又叫二氯异氰脲酸钠，是一种含氯的广谱杀菌药物，含有效氯60%～64%，比漂白粉有效期长4～5倍。易溶于水，在水中逐步产生次氯酸。由于次氯酸有较强的氧化作用，极易作用于菌体蛋白而使细菌死亡，从而杀灭水体中的各种细菌、病毒。用于防治多种细菌性疾病。

预防：挂篓或遍洒对水体进行消毒，使用浓度为0.2毫克/升。失效时间为2天。

治疗：用于水体消毒时，采用遍洒的方法，使水体成0.3毫克/升的浓度；采用内服的方法时，每100千克鱼体重用1.7克，混入饲料中，1天1次，连服3天。

4. 强氯精

又叫三氯异氰脲酸，含有效氯达60%～85%，能长期存放，1～2年不变质。在水中分解为异氰尿酸、次氯酸，并释放出游离氯，能杀灭水中各种病原体。

预防：带水消毒时，使水体成5～10毫克/升的浓度，可以杀灭水体里的鱼、蚌、水生昆虫；用于放养前的水体消毒时，使用浓度1～2毫克/升；用于养殖期间的水体消毒时，使用浓度为0.15～0.20毫克/升。失效时间为2天。

治疗：用于遍洒时，使水体成为0.3～0.4毫克/升的浓度。

5. 高锰酸钾

又名过锰酸钾、灰锰氧，这是一种常用的强氧化剂，同时也是消毒剂、杀虫剂，用于防治细菌性烂鳃病。不宜在强阳光或直射光下使用，该药物在阳光下易氧化而失效，应在室内或阴凉处进行。药物最好现用现

配，不宜搁置太久（1个月）。高锰酸钾可以通过氧化微生物体内活性基因而杀菌，杀菌作用较强，还可以杀死原生动物，低浓度具有收敛作用。

进行药浴消毒时，500毫克/升浓度浸洗1～2分钟，可治疗黏细菌病。

如果用浓度为20毫克/升的水溶液浸洗，当水温10～20℃时，浸洗20～30分钟；水温20～25℃时，浸洗15～20分钟；25～30℃时，浸洗10～15分钟。可防治三代虫病、指环虫病，对鱼波豆虫病、斜管虫病、车轮虫病、舌杯虫病等疾病也有疗效。

用浓度为50～80毫克/升的水溶液浸洗，水温20～30℃时，浸洗1小时左右，最好间隔1周后再浸洗1次，能有效地治疗锚头蚤病。

用浓度为1毫克/升的水溶液涂抹虫体上和寄生处治疗由甲壳动物引起的鱼病等。

由于高锰酸钾易导致虾蟹类中度中毒。所以一般不用于虾蟹类养殖期间的水体消毒，只用于杀灭纤毛虫、累枝虫、钟形虫等。方法是在使用时减去大部分塘水，按3～5毫克/升浓度用药，4小时后把水进满。

6. 食盐

又叫盐、氯化钠，是一种盐类消毒剂，能消毒、驱虫，可防治细菌、真菌以及寄生虫病。

药浴：浓度为1%～3%，药浴15～20分钟，可防治细菌、霉菌和车轮虫、斜管虫等疾病；

遍洒：食盐与碳酸氢钠1∶1合用，（400+400）毫克/升，治疗水霉病、坚鳞病、打印病。

用浓度为3%的食盐水溶液浸洗，当水温10～32℃时，浸洗5～10分钟，可以防治细菌性烂鳃病、白头白嘴病、白皮病、打印病、车轮虫病、鱼波豆虫病、斜管虫病、三代虫病等。

7. 生石灰

又叫块灰、氧化钙，是一种常用的消毒剂，其作用有中和各种有机酸，改变酸性环境；增加钙离子浓度，调节升高pH值，改善水体；提高养殖水体的碱度和硬度，增加缓冲能力；杀灭水中的病原体等作用。在水中氧化时，能放出大量热量，从而杀灭野杂鱼、鱼卵、虾蟹类、昆虫、致病细菌、病毒等，并能使水澄清，还能增加水体钙肥，一旦成为熟石灰后，效果较差。生石灰为饲养池清塘消毒药物。

预防：在发病季节内，每月在食场周围泼洒1次，使饲养水中药物浓度达到5.0～20毫克/升，可防治打粉病。

治疗：水深1米左右，每亩用15～20千克遍洒，对白头白嘴病、烂鳃病、赤皮病、肠炎病有一定的疗效。

667米^{2}面积用生石灰75千克消毒，用于面积较大的土池，预防各种鱼病。

8. 小苏打

又叫碳酸氢钠、重碳酸钠，是驱虫及抗真菌的辅助剂，不单独使用，通常和食盐合用，用于驱除鱼体外寄生虫。在潮湿空气中即缓慢分解。

药浴：0.25%浓度，很快就能驱除体外寄生虫；碳酸氢钠与食盐1∶1合用，(400+400)毫克/升，全池泼洒，治疗水霉病。

9. 硫酸铜

又名蓝矾、胆矾、五水硫酸铜。一种重金属盐类的杀虫、消毒剂，可杀灭鱼体体外寄生动物，也可用于杀灭复口吸虫、血居吸虫的中间宿主——椎实螺、扁卷螺等，还可用于杀灭鱼病病原菌。

预防：挂袋法，可预防某些细菌性和寄生虫性疾病。

8毫克/升硫酸铜和10毫克/升漂白粉混合液，浸洗20～30分钟，可防治烂鳃、赤皮病、鳃隐鞭虫病、车轮虫病、斜管虫病等。

用硫酸铜水溶液泼洒，使饲养水中药物浓度达到0.7毫克/升，可防治鱼波豆虫病，对车轮虫病、斜管虫病、鳃隐鞭虫病、舌杯虫病等均有效，当水温高于30℃时，则只需用0.5～0.6毫克/升的浓度。

用硫酸铜和硫酸亚铁合剂(5∶2)泼洒，使饲养水中药物浓度达到0.7毫克/升，能防治鱼波豆虫病、车轮虫病、斜管虫病、鳃隐鞭虫病、舌杯虫病和鱼虱。

用硫酸铜水溶液泼洒，使饲养水中的药物浓度达到0.7毫克/升，可杀灭藻类和青苔。

10. 亚甲基蓝

是染料类的杀菌、杀虫剂，用于防治水霉病、小瓜虫病等。

药浴：2～3毫克/升；遍洒，间隔3～4天，以同药量再泼洒1次，可治疗水霉病。

11. 青霉素

抗生素类药，用于水产动物运输时机体受伤，防止致病菌感染。

药浴：每立方米水体中用400万～800万青霉素单位。

12. 盐酸土霉素

抗生素类药，用于防治白皮病。

药浴：25毫克/升，30分钟。

13. 碘

又称碘片，对细菌、病毒有强大的杀灭作用。在水产养殖水体消毒中，一般使用碘的化合物或复合物，如聚乙烯吡咯烷酮碘（PVP-I）、贝它碘、碘灵等。PVP-I的消毒浓度为150毫克/升。

14. 硫酸亚铁

又叫铁矾、绿矾、硫酸低铁。在湿空气中，迅速氧化，生成黄棕色碱式硫酸铁。在鱼药中为辅助药物，不单独使用。

用硫酸铜和硫酸亚铁合剂泼洒，使饲养水中药物浓度达到0.7毫克/升，能防治鱼波豆虫病、车轮虫病、斜管虫病、鳃隐鞭虫病、舌杯虫病和鱼虱等。

用硫酸亚铁和晶体敌百虫合剂（2∶5）泼洒，使饲养水中的药物浓度达到0.7毫克/升，治疗由甲壳动物引起的鱼病等。

15. 敌百虫

是一种高效低毒的有机磷药物，在酸性条件下稳定，遇碱分解或成毒性更强的敌敌畏，继续分解则失效。有粉剂、晶体及注射用针剂等，防治鱼病，只用含有效成分90%以上的晶体（一级），或含80%以上的晶体（二级）等。对人、畜的毒性较低，对鱼类杀伤力大。常用于放养前的清塘，以杀灭塘中敌害鱼类、虾及蟹类。

用敌百虫泼洒，水体药物浓度达到0.2～0.4毫克/升，可杀灭三代虫、指环虫和鱼虱等。

用敌百虫泼洒，使饲养水中药物浓度达到0.4～2.0毫克/升，可杀灭水蜈蚣、松藻虫等敌害。

用敌百虫和硫酸亚铁合剂（5∶2）泼洒，可以治疗由甲壳动物引起的鱼病。

用浓度为0.1毫克/升的水溶液涂抹于鱼体上，每天1次，连续2天，可以驱除鱼虱。

16. 硼砂

又名硼酸钠、四硼酸二钠。杀菌力较弱，有防腐作用，无刺激性。

用硼砂水溶液泼洒，使饲养水中药物浓度达到2.0～5.0毫克/升，以调节水的酸碱度，使饲养水质经常保持弱碱性，可以预防卵甲藻病的发生。

17. 茶子饼

在两广俗称茶麸，是油茶榨油后的残渣，对鱼类的杀伤力大。常用于放养前的清塘，以杀灭塘中敌害鱼类及鱼卵，一般使用15～20千克/667米^2。也可用于养殖过程中的中间清塘，一般使用15～20毫克/升，以杀灭混入塘中的敌害鱼类，并且还可以促使对虾蜕壳。

四、外用杀虫药的种类及用法用量

1. 福尔马林

作为外用杀虫药时，采用遍洒方法时，使水体成20～30毫克/升的浓度，杀灭寄生原生动物；用250毫克/升浸洗1小时，可治疗原生动物病、三代虫病；遍洒福尔马林与甲苯咪唑合剂，保留3～4天，可有效地治疗斜管虫病和小瓜虫病。

2. 硫酸亚铁

作为外用杀虫药时，用于鳃隐鞭虫、鱼波豆虫、斜管虫、车轮虫病等；也可用于中华蚤、狭腹蚤等病的防治。

药浴：硫酸亚铁与硫酸铜合剂（2∶5），使水体成0.7毫克/升的浓度，治疗鳃隐鞭虫、鱼波豆虫、斜管虫、车轮虫、中华蚤病等。

3. 硫酸铜

药浴：硫酸铜与漂白粉合剂，8～10 毫克/升，浸洗 20～30 分钟，可防治烂鳃病、赤皮病和鳃隐鞭虫、鱼波豆虫、车轮虫、斜管虫等原生动物病。泼洒硫酸铜与硫酸亚铁，使水体成 0.7 毫克/升的浓度，可杀灭水体中的椎实螺、扁卷螺，预防复口吸虫和血居吸虫病的发生；用食场挂袋法，可预防或治疗轻度的某些细菌性和寄生虫性鱼病。

4. 高锰酸钾

1～2 毫克/升遍洒，可治疗斜管虫、车轮虫病等；50 毫克/升浸洗 5 分钟，可杀灭斜管虫、车轮虫等；20 毫克/升浸洗 15～30 分钟，可杀灭三代虫、指环虫；10～20 毫克/升，可治疗锚头蚤、日本新蚤病。

5. 亚甲基蓝

2 毫克/升的浓度来遍洒时，可治疗小瓜虫、斜管虫、车轮虫、三代虫和指环虫病等。

6. 碳酸钠

是驱虫药。碳酸钠与精制敌百虫合用（0.6∶1），采用遍洒方法时，使水体成 0.1～0.24 毫克/升的浓度，用于单殖吸虫病的防治。

7. 敌百虫

为广谱驱虫、杀虫药，对体外、体内寄生虫均有杀灭作用，用于防治黏孢子虫、单殖吸虫、棘头虫、锚头蚤、日本新蚤、虱病等。

采用遍洒方法时，使水体成 0.2～0.5 毫克/升的浓度，可用于治疗三代虫、指环虫、锚头蚤、日本新蚤、虱病及杀灭敌害水蜈蚣和蚌虾等。

8. 二氧化氯

市面上销售的二氧化氯有固体和液体两种。固体二氧化氯为白色粉末，分 A、B 两药，即主药和催化剂。使用时分别将 A、B 药加水溶化，混合后稀释，即发生化学反应，放出大量的游离氯和氧气，达到杀菌消毒效果，使用浓度为 0.1～0.2 毫克/升。水剂的稳定性二氧化氯使用效果更好，使用浓度为100～200毫克/升。失效时间为1～2天。

五、内服药的种类及用法用量

1. 磺胺类

磺胺药的抗菌性极广，能抑制多数革兰氏阳性细菌和部分革兰氏阴性细菌，还能抑制少数真菌，可治疗多种细菌性鱼病。

2. 磺胺嘧啶

用于治疗赤皮病、肠炎病，每千克鱼体重用药0.08～0.2克，拌饵连用2～4天为一疗程。

3. 磺胺甲基嘧啶

用于治疗疖疮病，每千克鱼体重用药0.1～0.2克，混入饲料中，连用5天为一疗程。

4. 磺胺-6-甲氧嘧啶

防治细菌性鱼病，每千克鱼体重用药0.1～0.2克，拌饵连用5天为一疗程。

5. 磺胺二甲嘧啶

用于治疗多种细菌性鱼病，每千克鱼体重用药0.05克，拌饵连用7天为一疗程。

6. 盐酸土霉素

广谱抗生素，对革兰氏阳性和阴性菌均有效，用于防治弧菌病、疖疮病。每千克鱼体重用药0.05～0.07克，混入饲料中给药，视病情轻重，连用3～4天为一疗程。

7. 氟哌酸

抗菌活性强，广谱抗菌。对革兰阴性菌、阳性菌、厌氧菌都有较强的抗菌作用。用于治疗细菌性肠炎等感染症。每千克鱼体重用药0.01～0.02克，预防时日服1次；治疗时日服2次，连用3～4天为一疗程。

六、中草药的种类及用法用量

中草药是完全可以用来防治鱼病的，实践证明，中草药不仅对治疗鱼类的细菌感染有效，对某些病毒感染也有效，且副作用少，为抗生素和磺胺药所不及，主要用于防治细菌性肠炎、烂鳃病等。

1. 大黄

又名香大黄、马蹄黄、将军、生军。蓼科植物掌叶大黄、大黄、鸡爪大黄都作为大黄用。

（1）掌叶大黄　多年生草本。茎粗壮，中空绿色。单叶互生，具粗壮长柄，柄上密生刺毛。基生叶片圆形或卵圆形，长达35厘米，掌状叶基部心形，茎生叶较小，有短柄。秋季开淡黄白色花，大圆锥花序顶生。瘦果卵圆形。生于高寒山区，土壤湿润的草坡上，分布于甘肃、青海、宁夏回族自治区、四川及西藏自治区等省区（图3-1 大黄）。

图3-1　大黄

（2）大黄　基生叶叶裂较浅，边缘有粗锯齿，花淡黄绿色，翅果边缘不透明。生长在阳光充足，土壤肥沃的大山草坡上。分布于陕西、湖北、四川和云南等省。

（3）鸡爪大黄　基生叶叶裂极深，裂片窄长。花序分枝紧密，向上直立，紧贴于茎。生于山地灌木或林缘阴湿处。分布于甘肃、青海、宁夏回族自治区、四川及西藏自治区等省区。

药用部分：大黄的根和根状茎。随采随用，也可采集晒干备用。抗菌作用强，广谱抗菌药，对由黏细菌引起的白头白嘴病、草鱼出血病、细菌性烂鳃病及病毒病有效果。

药浴：1%大黄煎煮液5分钟，水温20～35℃浸洗5分钟，可防治黏细菌性疾病、白头白嘴病。

遍洒：1.25～3.75毫克/升，可有效地防治黏细菌性鱼病；1.0～1.5毫克/升大黄与0.5毫克/升硫酸铜，防治黏细菌性疾病；0.5千克干药煎汁后稀释成10千克母液，加30克氨水，浸泡一夜，可有效地提高大黄的药效数倍，然后用1～2毫克/升浓度全池泼洒汁液，可防治烂鳃病；将大黄和硫酸铜合用，使饲养水中大黄和硫酸铜的药物浓度达到1.0～1.5毫克/升和0.4～0.5毫克/升，防治白头白嘴病、烂鳃病及病毒病。要注意的是，在使用时千万不能与生石灰合用，否则会降低该药的效率。

口服：每千克鱼体重用5～10克大黄，碾成粉末混入饲料内，1天1次，连用3天为一疗程，可防治黏细菌性鱼病。

2. 五倍子

又名文蛤、百虫仓、木附子。为落叶小乔木漆树科植物盐肤木、青麸杨或红麸杨叶上五倍子蚜虫的干燥虫瘿，秋季采摘，置沸水中略煮或蒸至表面呈灰色，杀死蚜虫，取出，干燥。按外形不同，分为肚倍和角倍。肚倍呈长圆形或纺锤形囊状，长2.5～9厘米，直径1.5～4厘米。表面灰褐色或灰棕色，微有柔毛。质硬而脆，易破碎，断面角质样，有光泽，壁厚0.2～0.3厘米，内壁平滑，有黑褐色死蚜虫及灰色粉状排泄物。角倍呈菱形，具不规则的角状分枝，柔毛较明显，壁较薄。产于河北、山东、四川、贵州、广西、安徽、浙江、湖南等省（图3-2五倍子）。

药用部分：五倍子含有50%～70%的鞣酸，它有收敛作用，具有较强的杀菌能力，是一种常用的抗菌药，对革兰氏阳性和阴性菌均有抑制作用，可防治黏细菌、产气单胞菌和假单胞菌引起的鱼病，对白头白嘴病、赤皮病、疖疮病等均有一定的疗效。五倍子一般是在9月份前采收，晒干后备用。

图 3-2 五倍子

用法：将五倍子捣碎，用开水浸泡后，连渣汁一起全池泼洒，以 2～4 毫克/升的浓度遍洒可治疗白头白嘴病、烂鳃病、白皮病、疖疮和赤皮病等。

0.5 千克五倍子加 2 千克水煎 15 分钟，用 1.5～2.5 毫克/升浓度全池喷洒，再结合唑喃唑酮内服，按每 50 千克鱼用 500 毫克药物的比例拌入药饵，连用 6 天，可防治肠炎病、烂鳃病。

3. 大蒜

又名蒜、蒜头、独蒜、胡蒜。为百合科葱属植物蒜，以鳞茎入药。多年生草本，具强烈蒜臭气。鳞茎大形，具 6～10 瓣，外包灰白色或淡棕色膜质鳞被。叶基生，实心，扁平，线状披针形，宽约 2.5 厘米左右，基部呈鞘状。花茎直立，高约 60 厘米；佛焰苞有长喙，长 7～10 厘米；伞形花序，小而稠密，浅绿色；花小形，花间多杂以淡红色珠芽，花柄细，长于花。蒴果，种子黑色。花期夏季。春、夏采收，扎把，悬挂通风处，阴干备用。全国各地均产（图 3-3 大蒜）。

药用部分：大蒜中含挥发油约 0.2%，油中主要成分为大蒜辣素，具有广谱抑菌、杀菌作用，也是一种常用的抗菌药，用于防治鱼类的肠炎病，效果十分显著。另外紫皮蒜抗菌作用比白皮蒜强得多。

用法：每千克鱼体重用药 10～30 克，先将大蒜捣碎，然后用饵料混合，并加入适量食盐，稍作晾干后即可投喂。1 天 1 次，连用 6 天，可防治肠炎病。

4. 乌桕

又名白乌桕、木子树、木蜡树。落叶乔木，高可达 10～12 米，全株含白色毒性乳汁，树皮暗灰色有纵裂纹。叶互生，菱形或菱状卵形，长宽几乎相等，3～8 厘米，背面粉绿色。叶柄顶端有两个腺体。花极小，集成惠状花序。果卵形，直径 1 厘米左右，种子黑色，外有蜡质。7～8 月开花，10～11 月果熟。生在坡地、村边、路旁、山谷疏林等近水和阳光充足的地方。我国大部分地区都有野生（图 3-4 乌桕）。

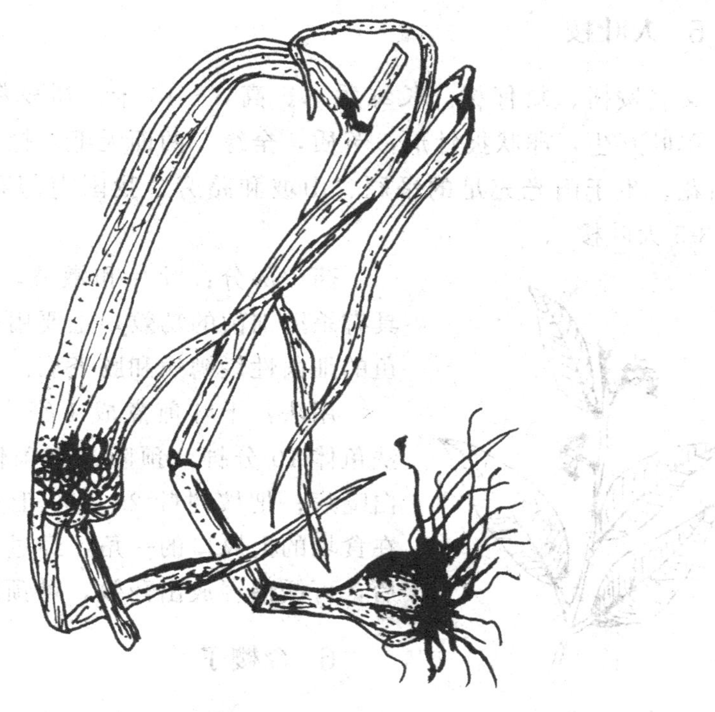

图 3-3 大蒜

药用部分：根、皮叶和小枝，全年均可采集，根皮晒干备用，叶多为鲜用，也可以晒干备用，一般来说，2 千克鲜叶相当于 0.5 千克的干粉效果，此药具有明显的抑菌作用。

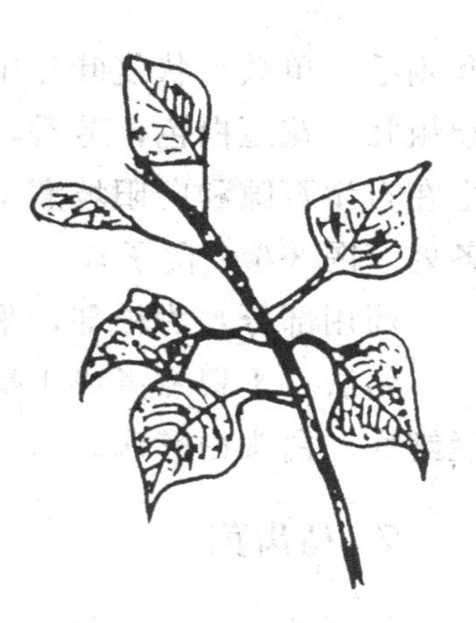

图 3-4 乌柏

用法：每 0.5 千克乌柏叶干粉用 10 千克水并加生石灰 1.5 千克，煮沸 10 分钟后泼洒，使饲养水中药物浓度达到 3.75 毫克/升，可防治黏细菌烂鳃病、白头白嘴病。

按每 50 千克鱼用乌柏 1.5 千克的比例，煮汁后拌入饲料，连喂 3 天为一疗程，可防治肠炎病、烂鳃病。

把乌柏叶干粉用 20% 的生石灰浸泡 12 小时后，再煮沸 10 分钟，然后全池泼洒，使饲养水中药物浓度达到2.5～3.5 毫克/升，可防治草鱼的细菌性烂鳃。

5. 大叶桉

又名桉树、蚊仔树。长绿乔木。高 5～15 米。树皮粗糙，小枝浅红色。单叶互生，卵状披针形，革质，全缘，两面无毛，揉之有香气。春季开白花。生于阳光充足的平原、山坡和路旁。我国南部和西南部都栽培（图 3-5 大叶桉）。

图 3-5 大叶桉

药用部分：叶片和嫩枝，全年均可采集，具有杀灭细菌的功效，主要用来防治青鱼和草鱼的细菌性烂鳃病和肠炎病。

用法：干叶煎煮成 1 毫克/升的浓度，浸洗鱼体 10 分钟，预防黏细菌性烂鳃病、白头白嘴病；把桉树叶 25～50 千克扎成一捆，放在食场的上风口的一角，经过慢慢地浸泡沤烂后，可缓慢释放出药效，可预防鱼类烂鳃病。

6. 金樱子

又名糖罐子、倒挂金钩、刺头。外形和野蔷薇花相似。常绿攀缘灌木，茎具倒挂状皮刺和刺毛。单数羽状复叶互生，春末夏初开白色大花，单生于侧枝顶端。花梗粗壮，花冠白色，芳香，果黄红色，味甜，多为长倒卵形，外皮刺毛。生在石崖石隙和向阳坡灌木丛处。分布于华东、中南、西南以及陕西南部各处（图 3-6 金樱子）。

药用部分：为根部，采集后阴干备用。

用法：干根煎煮成 1 毫克/升浓度，浸洗鱼体 15 分钟，预防黏细菌性烂鳃病、白头白嘴病。

7. 马齿苋

长可达 30～80 厘米。茎下部匍匐，四散分枝，上部略能直立或斜上，肥厚多汁，绿色或淡紫色，全体光滑无毛。单叶互生或近对生；叶片肉质肥厚，长方形或匙形，或倒卵形，先端圆，稍凹下或平截，基部宽楔形，形似马齿，故名“马齿苋”。夏日开黄色小花。常用干燥地上部分。生路旁、村边、田野、山坡。主产湖北、江苏、广西、贵州（图 3-7 马齿苋）。

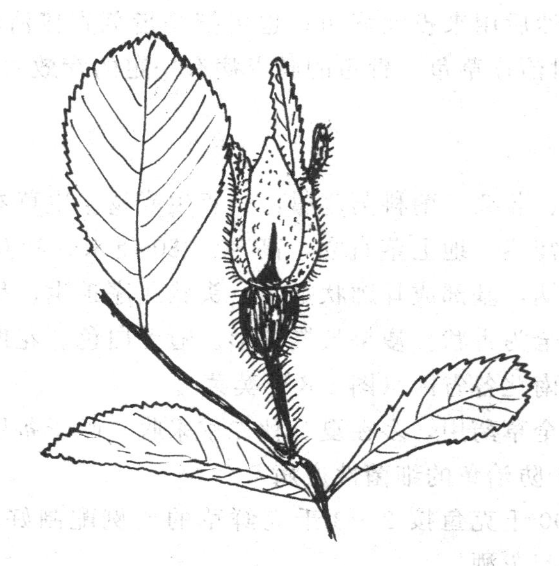

图 3-6　金樱子

药用部分：以全草入药，多在夏、秋二季采收，除去残根及杂质，洗净，略蒸或烫后晒干备用，也可随采随用（鲜用），具有杀灭细菌、清热祛湿、消肿、治痢的作用，防治鱼细菌性肠炎病。

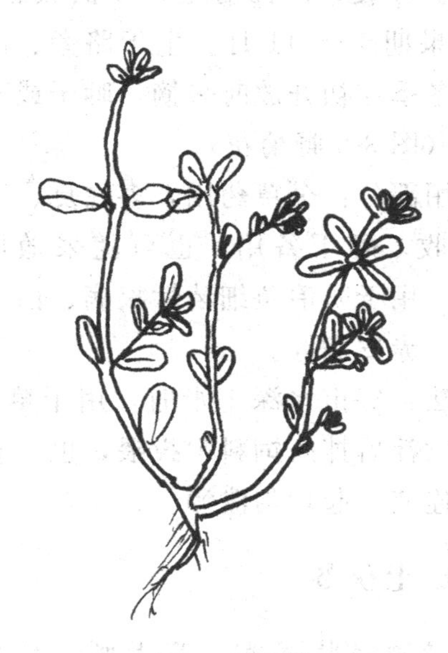

图 3-7 马齿苋

图 3-8　苦荬菜

用法：每 100 千克鱼按 1～2 千克鲜草的比例配制好，先把马齿苋切碎打成浆，全池连渣带汁一起泼洒；也可将汁液拌入饲料中，在阳光下稍微照晒十分钟，然后用来投喂病鱼；也可把马齿苋直接清洗干净后喂鱼，连喂 3～6 天，对治疗草鱼、青鱼的肠炎病有一定的疗效。

8. 苦荬菜

又名苦麻菜、莪菜，菊科莴苣属，一年生或越年生草本，优良的青绿饲料作物。具匍匐茎。地上茎直立，高 30～80 厘米。叶互生，长圆状披针形，茎生叶无柄，基部成耳廓状抱茎。头状花序顶生，呈伞房或圆锥状排列；花黄色，全为舌状。瘦果长椭圆形。冠毛白色。花期秋末至翌年初夏。分布于我国南北各省区（图 3-8 苦荬菜）。

药用部分：全草药用，多在夏、秋二季采收，晒干备用，也可随采随用（鲜用）。用于防治鱼的细菌性疾病。

用法：每 100 千克鱼按 2～3 千克鲜草的比例配制好，切碎打成浆，全池连渣带汁一起泼洒。

9. 野菊花

多年生草本，高达 1 米。茎基部常匍匐，上部多分枝。叶互生，卵状三角形或卵状椭圆形，长 3～9 厘米，羽状分裂，两面有毛，下面较密；花小，黄色，边缘舌状。花期 9～11 月，果期 10～11 月。生于路旁、山坡、原野。全国大部分地区有分布。秋、冬季花初开放时采摘，晒干或蒸后晒干（图 3-9 野菊花）。

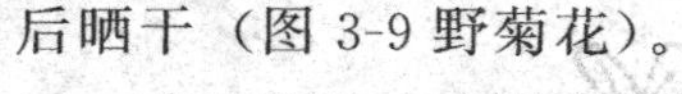

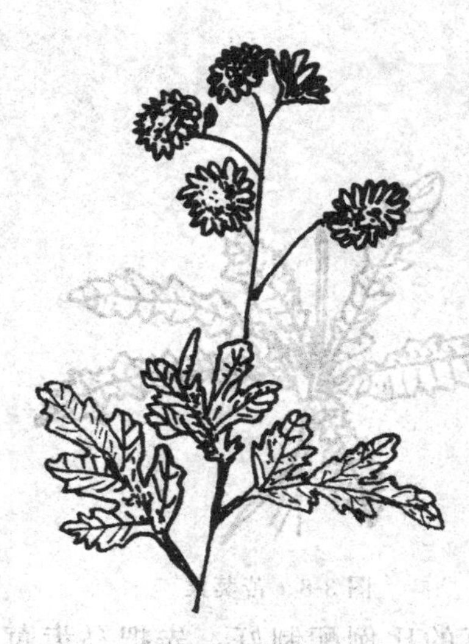

图 3-9　野菊花

药用部分：全草药用，多在夏、秋二季采收，晒干备用，也可随采随用（鲜用）。用于防治鱼细菌性疾病、白头白嘴病、赤皮病等。

用法：每亩水深 1 米时，用干草 1 千克，煮汁后拌入饲料中投喂，也可直接全池连渣一起均匀泼洒。

10. 土茯苓

常绿攀缘状灌木。茎无刺。叶互生，薄革质，长圆形至椭圆状披针形，长 5～12cm，下面通常绿色，有时略有

白粉；有卷须。花单性异株；浆果球形，红色，外被白粉。花期7～8月，果期9～10月。生于山坡或林下。主产广东、湖南、湖北、浙江、四川（图3-10土茯苓）。

图3-10　土茯苓

药用部分：根茎入药用，秋季采挖，晒干或切片后晒干，用于防治鱼细菌性白头白嘴病。

用法：把阴干的土茯苓根茎捣碎，每万尾鱼种用0.5千克，用20倍水煎煮3次，每次煮沸20分钟，冷却后拌入饲料中投喂，连喂5天为一疗程。

11. 地锦草

一年生匍匐草本。茎纤细，多分枝，带紫红色，无毛。叶对生，长圆形，长4～10毫米，绿色或淡红色。蒴果球形，光滑无毛；种子卵形，紫褐色，外被白色蜡粉。花期6～10月，果实7月渐次成熟。生于平原荒地、路边、田间；分布几遍全国（图3-11地锦草）。

图3-11　地锦草

药用部分：以全草入药，一般在6～11月份采集全草，晒干备用，也可鲜用。由于该草中含有黄酮类化合物及没食子酸，对鱼类肠道致病菌有明显的抑制作用，另外对其他细菌也有较强的抑制作用，因此在我们养殖过程中，常常用来防治鱼类的烂鳃病和肠炎病。

用法：按每50千克鱼或每万尾鱼种，用地锦草2千克或干草0.25千克的比例，煮汁后拌入饲料，或制成药饵投喂，连喂3天为一疗程，用于防治鱼细菌性疾病、肠炎和烂鳃病等，均有显著疗效。

12. 铁苋菜

一年生草本，高30～60厘米，被柔毛。茎直立，多分枝。叶互生，椭圆状披针形，长2.5～8厘米，两面有疏毛或无毛，蒴果淡褐色，有毛。种子黑色。花期5～7月，果期7～11月。生于山坡、沟边、路旁、田野。分布几乎遍于全国，长江流露尤多。夏、秋季采割全草药用，除去杂质，晒干（图3-12铁苋菜）。

图3-12 铁苋菜　　图3-13 水辣蓼

药用部分：铁苋菜含有生物碱，有止血、解毒、抗菌、治疗痢疾的功能，全草均可入药，一般在夏季采集，既可单独使用，也可与地锦草、辣蓼等合用，用于防治鱼细菌性疾病、肠炎、烂鳃病、赤皮病等。

用法：每100千克的鱼按250克的干铁苋菜和250克的辣蓼配合使用，混合后加水煎煮2小时左右，冷却后用汁液拌在饲料里投喂鱼类，每天一次，连喂3～5天，可治愈肠炎病和烂鳃病。

13. 水辣蓼

蓼为直立或披散草本，高30～100厘米；茎无毛，多分枝，常呈褐红色，有腺点，节部膨大。单叶互生，狭披针形，长4～7厘米，花秋冬开放，绿白色或淡红色。常生田野、路旁和沟溪边。分布于全国大部分省区。广布于全世界温带和亚热带地区（图3-13水辣蓼）。

药用部分：药用全草，四季可采，根和叶随时可采，一般是在夏秋季采收，晒干备用。该草全身含有挥发油、鞣质、黄酮类物质、蒽醌衍生物及蓼酸等有效成分，有解毒、杀菌作用，可防治荔鱼和青鱼的烂鳃病和肠炎病等。

用法：按每50千克鱼用水辣蓼鲜草1.5千克或干草0.2千克的比例，煮汁后拌入饲料，连喂3天为一疗程，用于防治鱼细菌性烂鳃、肠炎和病毒性疾病；也可用辣蓼草干粉，用量是按100千克鱼或每2万尾鱼种，每天用1～2千克，拌入饲料或制成颗粒药丸投喂，每天一次，连续6天为一疗程。

14. 土荆芥

一年生草本，株高50～100厘米。叶互生；披针形，长3～8厘米。种子红褐色，有光泽。生于荒野、山坡（图3-14土荆芥）。

图3-14　土荆芥

图3-15　仙鹤草

药用部分：一般在秋季收集枝叶晒干备用，全株具芳香气味，茎叶和果含挥发油（土荆芥油），具有强烈的气味，是优良的驱虫剂，用于防治鱼细菌性疾病和寄生虫毛细线虫病等。

用法：常用干贯众、土荆芥、苏梗、苦楝树根皮，按照16∶5∶3∶5

的比例配制好，煮汁后连同汁液和渣一起混合在饲料或豆饼中喂鱼，用量为每 100 千克鱼用药 550 克。

15. 仙鹤草

常绿性灌木株高约 100～150 厘米。老枝灰白色，嫩枝叶翠绿色。茎圆柱形，节稍膨大。叶对生，两面有柔毛，唇形花冠白色，上唇披针状，下唇短三裂，花冠形状，在一片绿意背景中犹如一只只展翅飞翔的白鹤。原产中国大陆云南，华南之广东、广西山区一带，东南亚地区及印度等地（图 3-15 仙鹤草）。

药用部分：全草均可入药，鲜草和晒干后的干草均可使用，用于鱼细菌性和病毒性疾病的防治，芽用于防治鱼寄生虫病。

用法：每 100 千克鱼用鲜药草 2 千克，煮汁后拌入饲料中投喂，也可全池均匀泼洒。

16. 老鹳草

多年生草本，高 35～80 厘米。茎伏卧或略倾斜，多分枝。叶对生，叶柄长 1.5～4 厘米，下面淡绿色。花小，白色或淡红色。蒴果先端长喙状，成熟时裂开，种子长圆形，黑褐色。花期 5～6 月。果期 6～7 月。生于山坡、草地及路旁。分布于东北、华北、华东、华中、陕西、甘肃和四川、贵州、云南等地（图 3-16 老鹳草）。

药用部分：夏秋果熟时割取全草，老鹳草有较强的抗菌作用，对病毒也有一定作用，用于防治鱼的细菌性疾病。

用法：每 100 千克的鱼按 200 克的干草，煎煮 2 小时左右，冷却后用汁液拌在饲料里投喂鱼类，每天一次，连喂 5 天，可治疗肠炎病和烂鳃病。

17. 白头翁

宿根草本，全株密被白色长柔毛，株高 10～40 厘米，通常 20～30 厘米。基生叶 4～5 片。花单朵顶生，蓝紫色，花期 3～5 月。瘦果，密集成头状，花柱宿存，银丝状，形似白头老翁，故得名白头翁或老公花。原产中国，华北、江苏、东北等地均有分布（图 3-17 白头翁）。

图 3-16　老鹳草

图 3-17　白头翁
（仿凌熙和）

药用部分：全草均可入药，春夏采挖，既可鲜用，也可阴干或晒干备用，用于防治细菌性疾病、肠炎、白皮病等。

用法：每 100 千克的鱼按 250 克的干草，煎煮 1 小时左右，冷却后用汁液拌在饲料里投喂鱼类，每天一次，连喂 5 天，可治疗肠炎病和白皮病。也可根据池塘的水深情况用鲜草治疗，在水深 1 米时，将鲜草打成浆，可亩用 50 千克的药量，全池均匀泼洒。

18. 使君子

落叶攀援状灌木。叶对生，长椭圆形至椭圆状披针形，长 5～13 厘米，两面有黄褐色短柔毛；花先是白色后变红色，有香气。果实橄榄状，黑褐色。花期 5～9 月，果期 6～10 月。生于平地、山坡、路旁等向阳灌丛中，亦有栽培。主产四川、福建、广东、广西（图 3-18 使君子）。

药用部分：去壳种子为药，种子内含有一种叫使君子酸钾的物质，具有麻痹作用，它的水溶液对常见的致病性皮肤真菌有相当好的抑制作用，因此常用于防治鱼寄生虫病、九江头槽绦虫病等，另外对池塘里的水蛭有很好的杀灭效果。

用法：把该药的种子配制成每立方米的水体用药量 3～5 克，药浴病鱼 20～30 分钟，有明显的预防作用；也可每万尾鱼种使用使君子籽 2～3

图 3-18　使君子

千克，加配葫芦金 4～5 千克煎汁，待药液自然放凉后拌入 10 千克的精饲料中，分 5 天投喂，第一天用药量加倍，对于治疗九江头槽绦虫病，有非常好的疗效。

19. 石榴

石榴是落叶灌木或小乔木，在热带则变为常绿树。树冠丛状自然圆头形。树根黄褐色。生长强健，根际易生根蘖。树高可达 5～7 米，一般 3～4 米，但矮生石榴仅高约 1 米或更矮。树干呈灰褐色，树冠内分枝多，嫩枝有棱，小枝柔韧，不易折断。旺树多刺，老树少刺。叶对生或簇生，呈长披针形至长圆形，或椭圆状披针形，花有单瓣、重瓣之分。重瓣品种雌雄蕊多瓣化而不孕，花瓣多达数十枚；花多红色，也有白色和黄、粉红、玛瑙等色。成熟后拥有大型而多室、多子的浆果，每室内有多数籽粒；外种皮肉质，呈鲜红、淡红或白色，多汁，甜而带酸，即为可食用的部分；内种皮为角质，也有退化变软的，即软籽石榴。果石榴花期 5～6 月，榴花似火，果期 9～10 月。花石榴花期 5～10 月（图 3-19 石榴）。

图 3-19　石榴

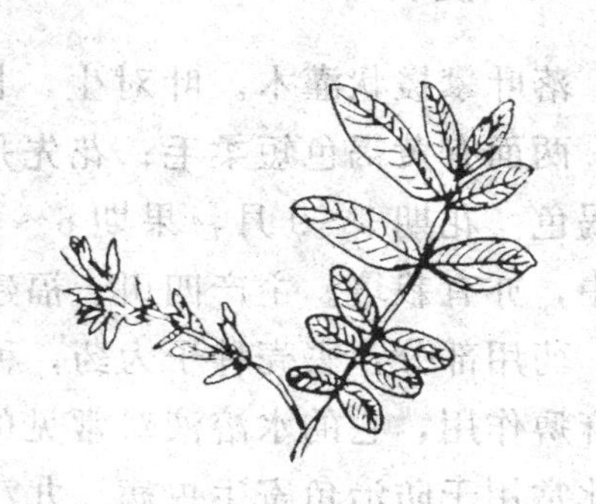
图 3-20　枫杨

药用部分：药用为石榴皮，在秋季果熟后采集，晒干后备用，具有杀虫、收敛等功效，在水产养殖上用于鱼寄生虫病的防治。

用法：每 100 千克鱼用干皮 1 千克，煎汁后拌入精饲料中投喂，5 天为一疗程。

20. 枫杨

落叶大乔木，高达 30 米，干皮灰褐色，幼时光滑，老时纵裂。小枝灰色，有明显的皮孔且髓心片隔状。奇数羽状复叶，小叶 5～8 对，雌雄同株异花，花期 5 月，果熟 9 月。广泛分布于华北、华南各地，以河溪两岸最为常见（图 3-20 枫杨）。

药用部分：药用枝叶，多在夏、秋和初冬期采集晒干备用，也可随采随用。用于防治鱼细菌性和寄生虫病、烂鳃病、锚头蚤病、车轮虫病等，对防除青泥苔和有害藻类也有一定的作用。

用法：每亩水深 1 米时，用枫杨树叶 5 千克，捣碎后，用水浸泡 2～3 小时后，在池塘的食场附近泼洒，效果很好。

21. 穿心莲

一年生草本，高 50～100 厘米，全株味极苦。茎直立，多分枝，叶对生，卵状矩圆形至矩圆形披针形，长 2～11 厘米，上面深绿色，下面灰绿色，花冠淡紫白色，蒴果长椭圆形。花期 8～9 月，果期 10 月。生于湿热的平原、丘陵地区。主产广东、福建。现长江南北各地均引种栽培（图 3-21 穿心莲）。

图 3-21　穿心莲

药用部分：全草为药，该药茎叶上具有苦味，能够直接杀死多种细菌，因此在水产养殖上常用于防治鱼细菌性疾病、烂鳃病、肠炎、赤皮病等。

用法：每 100 千克鱼用鲜药草 3 千克，煮汁后拌入饲料中投喂。

22. 苦参

苦参为多年生草本或灌木，高 1.5～3 米。主根圆柱形，长可达 1 米，外皮黄色。单数羽状复叶，长 20～25 厘米，花冠淡黄色，花果期 6～9 月。各地野生，生于向阳山坡草丛中和山麓、郊野、路边、溪沟边；南北各省均有分布（图 3-22 苦参）。

药用部分：根供药用，一般在春秋两季采收，有清热解毒、抗菌消炎的作用，用于防治鱼的细菌性疾病和寄生虫病，也可用于增进鱼肉鲜味，尤其是对于治疗鱼类的竖鳞病有明显疗效。

用法：用苦参的浸出液，给病鱼洗浴20～30分钟，每天进行一次，5天为一疗程，对于竖鳞病具有明显的治疗效果。

图 3-22 苦参

23. 蓖麻

一年生或多年生草本，蓖麻茎秆粗壮，枝叶繁茂，高可达5米以上，茎围15～20厘米。茎、叶绿色或紫红色。植株被有白色蜡粉，光滑无毛。叶掌形，有的呈鸡爪形。通常成熟前就采收（图3-23 蓖麻）。

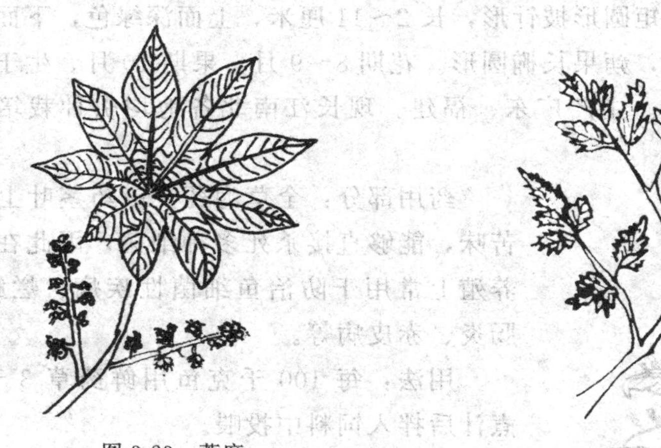
图 3-23 蓖麻

图 3-24 蛇床

药用部分：药用部分为茎、叶、根，多在夏秋两季采收茎叶，冬季采收根，采集的蓖麻既可鲜用，也可晒干备用。该药有毒，具有清热利湿、消肿拔毒的功效，在水产养殖上常鲜用，用于防治鱼细菌性疾病、肠炎病、烂鳃病、赤皮病等。

用法：用60%的干蓖麻叶和40%的干辣蓼混合，加工成粉末再用。每立方米的水体用药50克，用池塘的水化开后，连渣汁一起全池均匀泼洒，每天一次，连续 3 天为一疗程；也可每亩用鲜药 15 千克，扎成捆，放在池塘里任其自由浸泡沤制，让药效慢慢地释放出来，也可起到治疗和预防鱼病的作用。

24. 蛇床

多年生草本，高达 1 米。根直生，较粗，径达 1 厘米。茎直立，上部分枝，基生叶有长柄，花瓣白色，花期 7～8 月，果期 8～9 月。生于弱碱性稍湿草甸子、碱性草原、河沟旁、田间路旁。产于吉林省、内蒙古、黑龙江等地（图 3-24 蛇床）。

药用部分：全株为药，夏秋两季可采集，既可鲜用，随采随用，也可晒干后备用，用于鱼细菌性、真菌性、寄生虫疾病的防治。

用法：每亩用鲜药 25 千克，扎成捆，放在池塘里任其自由浸泡沤制，让药效慢慢地释放出来，可起到治疗和预防鱼病的作用。也可用干草，每 100 千克鱼，用干草 150 克，浸泡鱼体 15 分钟。

25. 苦楝

落叶乔木，高达 20 米。树冠宽阔而平顶，小枝粗壮。皮孔多而明显，叶互生，2～3 回奇数羽状复叶。花期 4～5 月，果熟期 10～11 月。苦楝在我国分布很广。黄河流域以南、华东及华南等地皆有栽培。多生于路旁、坡脚，或栽于屋旁、篱边。北至河北，南至云南、广西，西至四川，都有分布（图 3-25 苦楝）。

药用部分：药用根皮、树皮、果实和枝叶，全年可采根及皮，夏季采集叶枝，春、冬季采集果实，由于该种药草有一定的毒性，具有驱虫止痛的作用，在水产养殖上用于防治鱼细菌性疾病和寄生虫病、烂鳃病、白头白嘴病，对车轮虫病、隐鞭虫病和锚头蚤病有明显的治疗作用。

用法：每亩水深 1 米时，用苦楝树根 5～6 千克，捣碎后全池泼洒，效果很好。

26. 五加皮

灌木，高 2～5 米，有时蔓生状；枝无刺或在叶柄基部有刺。掌状复叶在长枝上互生，在短枝上簇生；花黄绿色，果 10 月成熟。华东、华中、华南及西南均有分布（图 3-26 五加皮）。

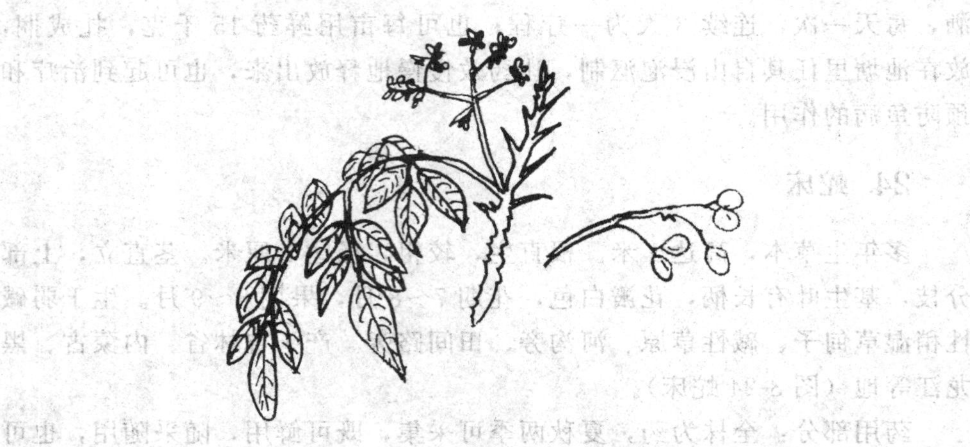

图 3-25 苦楝

药用部分：药用全株，随时可采可用，该药具有杀虫的功效，在水产养殖上主要用于防治鱼寄生虫病，尤其是锚头蚤病等。

用法：每亩水深 1 米时，用五加皮药 1～1.5 千克，加水浸泡 2～3 小时后全池泼洒，效果很好。

27. 鱼藤

攀援灌木，全株无毛。枝条有麻点，叶互生，花粉红色，长在叶腋。结斜卵形豆荚，扁而薄，长约 3 厘米。广东省、广西壮族自治区有分布（图 3-27 鱼藤）。

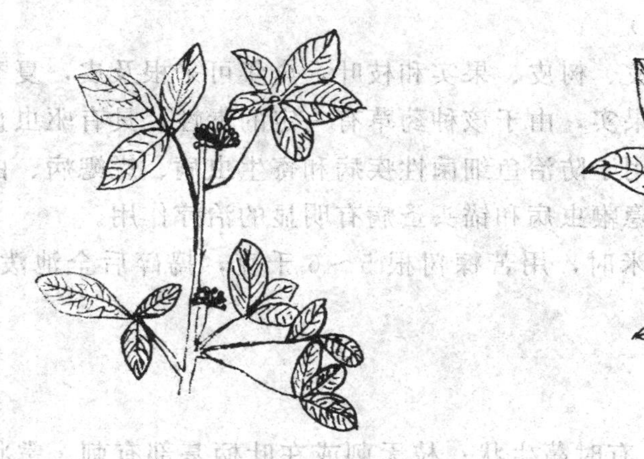

图 3-26 五加皮

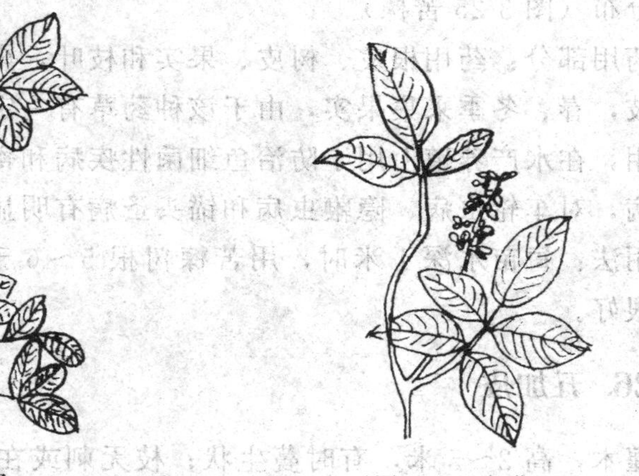

图 3-27 鱼藤

药用部分：根茎为药，常年可采。采来的药应先洗干净，然后切成片，晾干，研成粉末备用。可直接杀灭虫和水中较低等的生物，多用于鱼塘的清塘。

用法：水深1米的池塘，每亩用干鱼藤1.5～2千克，用温水浸泡软后，捣烂再浸泡2～3小时，把浸出的乳白色汁液用清水稀释后全池泼洒。

28. 雷公藤

攀援藤本，高2～3米。小枝红褐色，单叶互生，卵形、椭圆形或广卵圆形，长5～10厘米，花小，白色，花期5～6月。果熟期8～9月。生于背阴多湿稍肥的山坡、山谷、溪边灌木林和次生杂木林中。分布浙江、江西、安徽、湖南、广东、广西、福建、云南、台湾等地。秋季采挖，去净皮，晒干，生用（图3-28 雷公藤）。

图3-28 雷公藤

图3-29 山栀（仿凌熙和）

药用部分：根叶花为药。该药具有杀菌作用，在水产养殖上常常用于防治鱼细菌性疾病，主要是防治草鱼烂鳃病、赤皮病和肠炎病的并发症，另外该药对驱杀鱼体的寄生虫有一定疗效。

用法：每亩水深1米，用鲜药1.5～2千克，粉碎后全池泼洒。

29. 山栀

常绿灌木，高达2米。叶对生或3叶轮生，长椭圆形或倒卵状披针形，长5～14厘米，花白色，芳香，花期5～7月，果期8～11月。全国大部分地区有栽培。南方各地有野生，生于山坡、路旁，分布于江西、湖北、湖南、浙江、福建、四川（图 3-29 山栀）。

药用部分：果皮呈黄色时采集药用，采集后阴干备用。用于防治鱼细菌性疾病和增进鱼肉鲜味及体色。

用法：将干皮煎煮 2～3 小时，用量为每 100 千克鱼用 200 克，待冷却后拌入饲料中投喂，一天一次，连续 5 天为一疗程。

30. 槐

落叶乔木，高 15～25 米，干皮暗灰色，小枝绿色，皮孔明显。羽状复叶长 15～25 厘米；花冠乳白色，荚果肉质，串珠状。花果期 9～12 月（图 3-30 槐）。

药用部分：夏季花初开放时采收花为药，也可将花晒干后备用，用于防治鱼细菌性疾病。

用法：每 100 千克鱼用花 50 克，煎汁后全池泼洒。

图 3-30　槐

图 3-31　阔叶十大功劳

31. 阔叶十大功劳

常绿灌木，高达 4 米。根、茎断面黄色、味苦。羽状复叶互生，长 30～40 厘米叶柄基部扁宽抱茎；花瓣淡黄色，浆果卵圆形，熟时蓝黑色，有白粉。花期 7～10 月，果期 10～11 月。分布于四川、湖北和浙江等省（图 3-31 阔叶十大功劳）。

药用部分：根、茎、叶入药。用于防治鱼的细菌性疾病。

用法：鲜叶可直接入药，水深 1 米时，每亩用鲜叶 50千克，扎成捆，

放在池塘的上风口，任其自由腐熟，缓慢释放出药效；根、茎可用干品，先将干品捣碎，每万尾鱼种用量为0.5千克，加水煎煮3小时，待冷却后，拌入饲料中投喂，连续投喂5天为一疗程。

32. 槟榔

树干笔直，圆柱形不分枝，胸径10～15厘米，高10～13米以上。茎干有明显的环状叶痕，幼龄树干呈绿色，随树龄的增长逐渐变为灰白色。叶丛生茎顶，羽状复叶，长1.3～2米，花小而多，约2000朵。坚果，卵圆形；种子1粒，圆锥形。我国海南、台湾两省栽培较多，广西、云南、福建等省也有栽培（图3-32槟榔）。

药用部分：果熟时采收，主要是以种子为药，一般是在12月至翌年2月间采集果实，取出种子晒干备用，该药具有明显的杀虫功能，用于防止鱼寄生虫病，尤其是对头槽绦虫病的治疗有特别的疗效。

用法：用槟榔粉末与饲料混合，混合比例为1∶5，搅拌均匀后用来喂鱼，连喂7天为一疗程，对防治头槽绦虫病的治疗有显著的疗效。

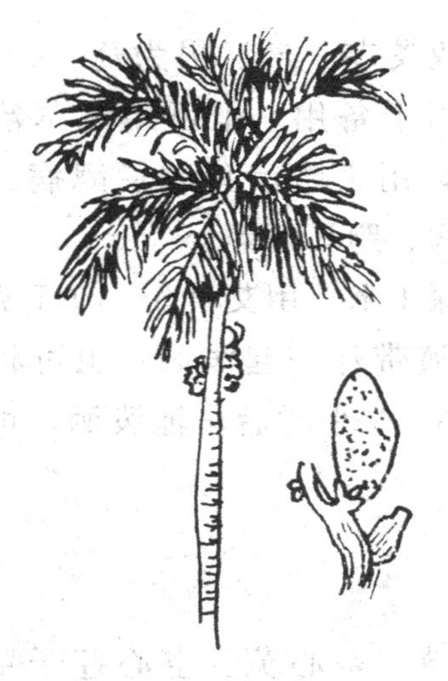

图3-32 槟榔（仿凌熙和）

图3-33 黄柏（仿凌熙和）

33. 黄柏

呈板片状或浅槽状，长宽不一，厚3～6厘米。外表面黄褐色或黄棕色，有的可见皮孔痕及残存的灰褐色粗皮。内表面暗黄色或淡棕色，具细密的纵棱纹。体轻，质硬，断面纤维性，呈裂片状分层，深黄色。气微，味甚苦，嚼之有黏性。主产于四川省、贵州省、湖北省、云南省等地（图3-33 黄柏）。

药用部分：剥取黄柏树内皮为药，阴干后备用。用于防治鱼细菌性和病毒性疾病。

用法：把阴干的黄柏树内皮捣碎，每万尾鱼种用量为1.5千克，加水煎煮3小时后，待冷却后拌入饲料中投喂，连续喂5天为一疗程。

34. 艾

多年生草本或略成半灌木状，植株有浓烈香气。主根明显，略粗长，直径达1.5厘米，侧根多；常有横卧地下根状茎及营养枝。茎单生或少数，高80～150厘米，枝长3～5厘米。花紫色，瘦果长卵形或长圆形。花果期9～10月。分布广，除极干旱与高寒地区外，几乎遍及全国。生于低海拔至中海拔地区的荒地、路旁河边及山坡等地，也见于森林草原及草原地区，局部地区为植物群落的优势种（图3-34 艾）。

图3-34　艾（仿凌熙和）

药用部分：采收艾茎、叶、根为药。一般5～6月份割取部分，阴干备用，也可用鲜草治疗鱼病。艾有杀菌作用，用于防治鱼的烂鳃病、肠炎病、赤皮病、竖鳞病、跑马病等。

用法：每亩水深1米，用艾草5～10千克，切碎打成浆，全池连渣带汁一起泼洒；也可将阴干的艾草用清水浸泡3～5小时后全池泼洒，可以提高药效。

35. 水花生

又名喜旱莲子草、空心苋、空心莲子草。多年生宿根草本。茎基部匍匐、上部伸展，中空，有分枝，节腋处疏生细柔毛。叶对生，长圆状倒卵形或倒卵状披针形，花白色，花期5～11月。生于池沼、水沟。原产巴西，现在我国广泛生长。10～11月采收，除去杂质，洗净，晒干或鲜用（图3-35 水花生）。

药用部分：水花生的全草，一般为鲜用，对于鱼类的细菌性疾病有较好的疗效。

用法：每万尾鱼种用鲜草 4 千克捣烂，加豆饼制成饲料，连喂 3 天为一疗程，用来防治出血病。

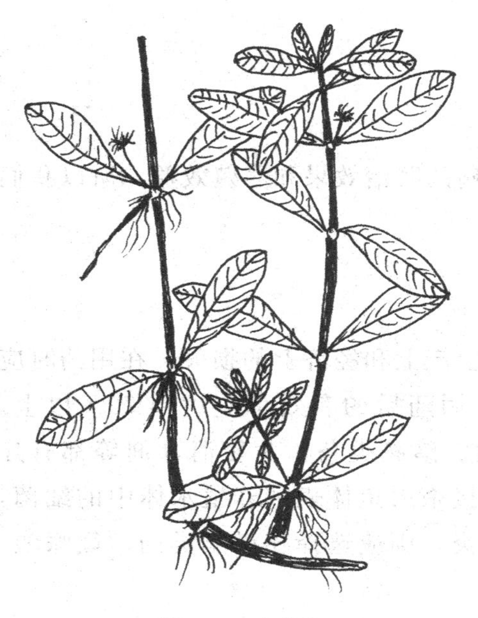

图 3-35 水花生

图 3-36 马鞭草（仿凌熙和）

36. 马鞭草

多年生草本，茎通常为方形。叶卵圆或长圆状披针形，边缘有锯齿或缺刻乃至 3 深裂。花小，淡紫色至蓝色，组成穗状花序。果成熟时 4 瓣裂。全世界温带至热带的杂草。我国广为分布（图 3-36 马鞭草）。

药用部分：根、茎、叶及花入药用。春夏和秋季采集，清洗干净，可鲜用也可晒干备用，该草具有清热解毒灭菌等作用，用于防治细菌性鱼病，尤其是对鱼类的肠炎病有非常好的疗效。

用法：每 100 千克鱼按 1～2 千克鲜草的比例配制好，先把马鞭草切碎打成浆，全池连渣带汁一起泼洒；也可将汁液拌入饲料中，在阳光下稍微照晒十分钟，然后用来投喂病鱼；也可把马鞭草直接清洗干净后喂鱼，连喂 3～6 天，对治疗草鱼、青鱼的肠炎病有一定的疗效。

第二节　渔药的使用

一、渔药选用的原则

渔药选择正确与否直接关系到疾病的防治效果和养殖效益，所以我们在选用渔药时，讲究几条基本原则。

1. 有效性

为使病鱼尽快好转和恢复，减少生产上和经济上的损失，在用药时应尽量选择高效、速效和长效的药物，用药后的有效率应达到70%以上。例如对鱼的细菌性皮肤病，用抗生素、磺胺类药、含氯消毒剂等都有疗效，但应首选含氯消毒剂，可同时直接杀灭鱼体表和养殖水体中的细菌，且杀菌快、效果好。如果是细菌性肠炎，则应选择喹诺酮类药、氟哌酸，制成药物饵料进行投喂。

但是有些疾病可少用药或不用药，如鱼缺氧浮头、营养缺乏症和一些环境应激病等，否则会导致鱼死亡得更多更快。缺氧浮头时要立即开启增氧机进行机械增氧，也可泼洒增氧剂进行人工化学增氧；营养缺乏症可在平时投喂时注意饲料的营养配比及投喂方式；环境应激病在平时就要加强观察，注意日常防护，尽可能减少应激性刺激。

2. 安全性

鱼药的安全性主要表现在以下三个方面。

（1）渔用药物要考虑毒性　在杀灭或抑制病原体的有效浓度范围内对水产动物本身的毒性损害程度要小，因此有的药物疗效虽然很好，只因毒性太大在选药时不得不放弃，而改用疗效居次、毒性作用较小的药物。如杀灭鱼体上的锚头蚤不首选敌敌畏，而选用敌百虫或乙酰甲胺磷；治疗草鱼细菌性肠炎病，选用抗菌内服药，不选用消毒内服药。

（2）要考虑对环境的破坏性　要对水环境的污染及其对水体微生态结构的破坏程度小，甚至对水域环境不能有污染。尤其是那些能在水生动物体内引起“富集作用”的药物，如含汞的消毒剂和杀虫剂，含丙体六六六的杀虫剂（林丹）坚决不用。这些药物的富集作用，直接影响到人们的食欲，并对人体也会有某种程度的危害，所以这些富集作用很强的药物，一般只用在鱼种饲养阶段，或观赏鱼饲养上。

（3）要考虑对人体健康的影响　对人体健康的影响程度也要小，在鱼类等水产动物被食用前应有一个停药期，并要尽量控制使用药物，特别是对确认有致癌作用的药物，如孔雀石绿、呋喃丹、敌敌畏、六六六等，应坚决禁止使用。

3. 廉价性

选用鱼药时，应多做比较，尽量选用成本低的鱼药。许多渔药，其有效成分大同小异，或者药效相当，但相互间价格相差很远，对此，要注意选用药物。

4. 方便性

由于给鱼用药极不方便，可根据养殖品种以及水域情况，确定到底是使用泼洒法、涂抹法、口服法、注射法，还是浸泡法给药。应选择疗效好、安全、使用方便的鱼药。

二、渔药真假的辨别

辨别渔药的真假可按下面三个方面判断：

一是“五无”型的渔药。即无商标标识、无产地即无厂名厂址、无生产日期、无保存日期、无合格许可证。这种连基本的外包装都不合格，请想想看，这样的渔药会合格吗？会有效吗？是最典型的假渔药。

二是冒充型渔药。这种冒充表现在两个方面，一种情况是商标冒充，主要是一些见利忘义的渔药厂家发现市场俏销或正在宣传的渔用药物时即打出同样包装、同样品牌的产品或冠以“改良型产品”；另一种情况就是一些生产厂家利用一些药物的可溶性特点将一些粉剂药物改装成水剂药物，然后冠以新药来投放市场。这种冒充型的假药具有一定的

欺骗性，普通的养殖户一般难以识别，需要专业人员进行及时指导帮助才行。

三是夸效型渔药。具体表现就是一些渔药生产企业不顾事实，肆意夸大诊疗范围和效果，有时我们可见到部分渔药包装袋上的广告是天花乱坠，包治百病，实际上疗效不明显或根本无效，见到这种能治所有鱼病的渔药可以摒弃不用。

在长期为养殖户提供鱼病诊治服务时，我们发现养殖户常常受到这些假药的伤害，他们期待有关职能管理部门对此重视起来，采取切实可行的措施，强化渔药市场的整顿和治理，对生产经营假药者给予严厉打击，杜绝假冒伪劣渔药入市经营，以解除渔民的后顾之忧。

三、正确选购渔药

1. 防止买到假冒渔药

选购渔药首先要在正规的药店购买，必须根据《兽药产品批准文号管理办法》中的有关规定检查渔药是否规范，还可以通过网络、政府部门咨询生产厂家的基本信息，购买品牌产品，防止假、冒、伪、劣渔药。还要注意药品的有效期。

2. 注意药品的规格和剂型

同一种药物往往有不同的剂型和规格，其药效成分往往不相同。如漂白粉的有效氯含量为28%～32%，而漂粉精为60%～70%，两者相差1倍以上。再如2.5%粉剂敌百虫和90%晶体敌百虫是两种不同的剂型，两者的有效成分相差36倍。不同规格药物的价格也有很大差别。因此，了解同一类渔药的不同商品规格，便于选购物美价廉的药品，并根据商品规格的不同药效成分换算出正确的施药量。

3. 选购实用的鱼药

首先就是一般选用中草药、大蒜素等类药物预防细菌性疾病及寄生虫类疾病，而当疾病发生后，应选用化药或与中草药结合的方法治疗。

其次要注意多种抗菌类内服药物应交替使用，避免因重复使用产生抗药性（耐药因子）而影响治疗效果。如上次使用了诺氟沙星，这次可选用磺胺类或氟苯尼考等。

再次就是购买消毒剂时要多个心眼，这是因为消毒剂的种类很多，使用时应注意选择。二氯、三氯对水体中的藻类杀伤力强，用量大或使用两次以上会使水质清瘦，二氧化氯和碘制剂应用面广，禁忌少。同一水体的消毒应注意交替使用不同的种类。

最后就是，如果是多病原细菌病应根据抗菌谱选择可配伍内服药，用药量应以水生动物的体重为基础。

四、科学使用渔药

1. 确定渔药的主治对象

即本渔药的最适用病症是哪一种？这样方便养殖户按需选购，但是现在许多商品渔药都标榜能治百病，这时可向有使用经验的人请教，不可盲目相信。

2. 准确计算用药量

鱼病防治上内服药的剂量通常按鱼体重计算，外用药则按水的体积计算。

内服药：首先应比较准确地推算出鱼群的总重量，然后折算出给药量的多少，再根据鱼的种类、环境条件、鱼的吃食情况确定出鱼的吃饵量，再将药物混入饲料中制成药饵进行投喂。

外用药：先算出水的体积。水体的面积乘以水深就得出体积，再按施药的浓度算出药量，如施药的浓度为 1 毫克/升，则 1 立方水体应该用药 1 克。

如某口鱼池发生了虱病，需用 0.5 毫克/升浓度的晶体敌百虫来治疗。该鱼池长 100 米，宽 40 米，平均水深 1.2 米，那么使用药物的量就应这样推算：鱼池水体的体积是 100 米×40 米×1.2 米＝4800 米^3，然后再按规定的浓度算出药量为 4800×0.5＝2400（克）。那么这口鱼塘就需用晶体敌百虫 2400 克。

五、用药的十忌

（1）一忌凭经验用药　“技术是个宝，经验不可少”，这是我们水产养殖专业户常常挂在嘴边的口头禅，这也难怪，在养殖生产中，由于养鱼场一般都设在农村，在这些远离城市的基层，缺乏病害的诊断技术和必要设备，所以一些养殖户在疾病发生后，未经必要的诊断或无法进行必要的诊断，这时经验就显得非常重要了。他们或根据以前治疗鱼病的经验，或根据书本上看过的（实际上已经忘记了或张冠李戴了）一些用药方法，盲目施用鱼药。例如在基层服务时，我们发现许多老养殖户特别信奉“治病先杀虫”的原则，不管是什么原因引起的疾病，上来就先使用一次敌百虫、灭虫精等杀虫药，然后再换其他的药物，这样做是非常危险的，因为一来贻误了病害防治的最佳时机，二来耗费了大量的人力和财力，三是乱用药会加快鱼类的死亡。因此，在疾病发生后，千万不要过分相信一些老经验，必须借助一些技术手段和设备，在对疾病进行了必要的诊断和病因分析的基础上，结合病情施用对症药物，才能起到有效防治的效果。

（2）二忌随意加大剂量　我们常常发现一个现象，就是一些养殖户在用药时会自己随意加大用药量，有的甚至比我们为他开出药方的剂量高出三倍左右，他们加大鱼药剂量的随意性很强，往往今天用 1 毫克/升的量，明天就敢用 3 毫克/升的量，在他们看来，用药量大了，就会起到更好的治疗效果。这种观念是非常错误的，任何药物只有在合适的剂量范围内，才能有效地防治疾病。如果剂量过大甚至达到鱼类致死浓度时则会发生鱼类中毒事件。所以用药时必须严格掌握剂量，不能随意加大剂量，当然也不要随意减少剂量。根据我个人的经验，为了起到更好的治疗作用，在开出鱼病用药处方时，我们会结合鱼体情况、水环境情况和鱼药的特征，在剂量上已经适当提高了 20%左右，我相信，基本上处于生产第一线的水产科技人员都是这么做的，所以一旦养殖户随意加大用量，极有可能会导致鱼中毒死亡。

（3）三忌用药不看对象　一些养殖户一旦发现鱼生病了，也找准了鱼病，可是在用药时不管是什么鱼，一律用自己习惯的药物包打天下，例如一旦发生了寄生虫病时，不管是什么鱼，统统用敌百虫，认为这是最好的药。殊不知，这种用药方法是错误的，因为鱼的种类众多，不同的鱼对药物的敏感性也不是完全相同的，必须区分对象，采取不同的浓度才能有效且不对鱼产生毒性，例如虹鳟鱼就对敌百虫、高锰酸钾较为敏感，在用药时，敌百虫不得高于0.5克/米^3，高锰酸钾不得高于0.035克/米^3，如果用银鲫鱼的浓度治疗时，肯定会造成大批的虹鳟鱼死亡，所以在用药前一定要看看治疗的对象。另外即使是同一养殖对象，在它们的不同生长阶段，对某些药物的耐受性也是有差别的，如成鳖可用较高浓度高锰酸钾进行浸泡消毒，而稚鳖则对高锰酸钾的耐受性较低，低浓度的高锰酸钾就可导致机体受损甚至死亡。

（4）四忌不明药性乱配伍　一些养殖户在用药时，不问青红皂白，只要有药，拿上就用，结果导致有时用药效果不好，有时还会毒死鱼，这就是他们对药物的理化性质不了解，胡乱配伍导致的结果。其实有许多药物存在配伍禁忌，不能混用，例如二氯异氰脲酸钠和三氯异氰脲酸等药物要现配现用，宜在晴天傍晚施药，避免使用金属容器具，同时要记住它们不与酸、铵盐、硫黄、生石灰等配伍混用，否则就起不到治疗效果。还有一个例子就是我们常说的敌百虫，它不能与碱性药物（如生石灰）混用，否则会生成毒性更强的敌敌畏，对鱼类而言是剧毒药物。

如果在生产上确实需要药物混合使用时，必须注意要掌握两个基本点：一是在混合使用后不能对鱼类产生药害或毒副作用；二是混合使用后能大大提高主药的使用效果，例如将大黄与氨水混合使用后，药效可增加14～15倍左右；再如硫酸亚铁与硫酸铜或敌百虫混合使用时，可以有效地增加主药的通透性，从而大大提高疗效。为了方便广大读者朋友混合使用鱼药，我们将一些常用药物的混合使用参考表（表3-1）介绍如下。

表3-1　用药物的混合使用参考

药名	食盐	高锰酸钾	硫酸铜	硫酸亚铁	敌百虫	碱性绿	生石灰	大蒜	大黄	氨水	醋酸	柠檬酸
漂白粉	√①		√		√		×②					
食盐		√						√	√			
硫酸铜		√		√				√	√	√	√	√
敌百虫			√	√			×					
福尔马林						√						
小苏打	√											
面碱					√							

① √表示可以混用；② ×表示不可混用。

（5）五忌药物混合不均匀　这种情况主要出现在粉剂药物的使用上，

例如一些养殖户在向饲料添加口服药物进行疾病防治时，有时为了图省事，简单地搅拌几下了事，结果造成药物分布不均匀，有的饲料中没有药物，起不到治疗效果，有的饲料中药物成堆成堆地在一起，导致药物局部中毒，因此在使用药物时一定要小心、谨慎、细致入微，对药物进行分级充分搅拌，力求药物分布均匀。另外在使用水剂或药浴时，用手在容器里多搅动几次，要尽可能地使药物混合均匀。

（6）六忌用药后不进行观察　有一些养殖户在用药后，就觉得万事大吉了，根本不注意观察鱼类在用药后的反应，也不进行记录、分析。这种观点是非常错误的，我们建议养殖户在药物施用后，必须加强观察。尤其是在下药 24 小时内，要随时注意鱼的活动情况，包括鱼的死亡情况、鱼的游动情况、鱼体质的恢复情况。在观察、分析的基础上，要总结治疗经验，提高病害的防治技术，减少因病死亡而造成的损失。

（7）七忌重复用药　养殖户发生重复用药的原因主要有两个，一个是养殖户自己主观造成的，是故意重复用药，期望鱼病快点治好。另一个情况是客观现状造成的，由于目前鱼药市场比较混乱，缺乏正规的管理，同药异名或同名异药的现象十分普遍，一些养殖户因此而重复使用同药不同名的药物，导致药物中毒和耐药性产生的情况是时有发生。因此，建议养殖户在选用鱼药时，一是请教相关科技人员，二是认真阅读药物的说明书，了解药物的性能、治疗对象、治疗效果，然后要对药物的俗名和学名了解一下，看看是不是自己曾经熟悉的药名。

（8）八忌用药方法不对　有一些养殖户拿到药后，兴冲冲地走到塘口，也不管用药方法对不对，见水就撒药，结果造成了一系列后果。为什么这样说呢？这是因为有一些药物必须用适当的方法才能发挥它们的有效作用，如果用药方法不当，或影响治疗效果，或造成中毒。例如固体二氧化氯，在包装运输时，都是用 A、B 袋分开包装的，在使用时要将 A、B 袋分别溶解后，再混合后才能使用。如果直接将 A、B 袋打开立即拌和使用，有时在高温下会发生剧烈化学反应，会导致爆炸事故，危及养殖户的生命安全，这就是用药方法不对的结果。还有一种情况往往是养殖户忽视的，就是往往在泼洒药物治疗疾病时，不分时间，想洒就洒，这是不对的。正确方法是应先喂食后泼药，如果是先洒药再喂食或者边洒药边喂食，鱼有时会把药物尤其是没有充分溶解的颗粒型药物当作食物来吃掉，导致鱼类中毒事故的发生。

（9）九忌用药时间过长　我们发现部分养殖户在用药时，有时为了加强渔药效果，常常人为地延长用药时间，这种情况尤其是在浸洗鱼体时更明显。殊不知，许多药物都有蓄积作用，如果一味地长期浸洗或长期投喂渔药，不仅影响治疗效果，有的还可能影响机体的康复，导致慢性中毒。所以用药时间要适度。

（10）十忌用药疗程不够　一般泼洒用药连续 3 天为一个疗程，内服用药 3～7 天为一个疗程。在防治疾病时，必须用药 1～2 个疗程，至少用 1 个疗程，保证彻底治疗，否则疾病易复发。有一些养殖户为了省钱，往往看到鱼的病情有一点好转时，就不再用药了，这种用药方法是不值得提倡的。

第四章

轻轻松松防治鱼病的措施——鱼病的治疗

第一节　病毒性疾病

一、鲤春病毒病的诊断及防治

鲤春病毒病别名出血性败血症。

1. 病原病因

病原有鲤春弹状病毒和梭子鱼苗弹状病毒两个血清型。

2. 症状特征

病鱼漫无目的地漂游，身体发黑，消瘦，反应迟钝，鱼体失去平衡，经常头朝下作滚动状游动，腹部肿大、腹水，肛门红肿，皮肤和鳃渗血。

3. 流行特点

① 该病毒感染后的潜伏期是15～60天。

② 在春季比较流行。

③ 在15℃以下感染后的鱼出现病症，20℃以上则停止，当水温低于13℃时，由于病毒的活力降低，其感染力也随之下降。

④ 潜伏期的长短随水温高低而有所不同，水温19～22℃时伏期约为1个月；当水温较低时，则需要1.5个月，甚至2～3个月。

4. 危害情况

① 主要危害鲤科鱼类及冷水性鱼。

② 主要危害9～12月龄和21～24月龄的鱼种。

③ 感染后死亡率在30%～40%，有时高达70%；严重时病鱼的死亡率可高达100%。

5. 预防措施

① 积极抓好常规的预防措施，严格执行检疫制度，避免病原的侵入。

② 要为越冬鱼清除体表寄生虫，主要是水蛭和鱼虱。

③ 春季用消毒剂处理养殖场所。

④ 对大型的亲鱼和名贵鱼类可采用腹腔注射疫苗来预防。

⑤ 对可能带病毒的鱼卵用 100 毫克/升的碘伏（PVP-I）液浸泡消毒 30 分钟，通过杀灭鱼卵上的病毒能有效地预防此病传播。

6. 治疗方法

① 注射鲤春病毒抗体，可抵抗鱼类再次感染。

② 用亚甲基蓝拌饲料投喂，用量为 1 龄鱼每尾鱼每天 20～30 毫克，2 龄鱼每尾每天 35～40 毫克，连喂 10 天，间隔 5～8 天后再投饲 10 天，共喂 3～4 次为一个疗程。对亲鱼可以按 3 毫克/千克鱼体重的用药量，料中拌入亚甲基蓝，连喂 3 天，休药 2 天后再喂 3 天，共投喂 3 次为一个疗程。

③ 用含碘量 100 毫克/升的碘伏洗浴 20 分钟。

二、痘疮病的诊断及防治

痘疮病别名鲤痘疮病。

1. 病原病因

鲤痘疮感染。

2. 症状特征

发病初期，体表或尾鳍上出现乳白色小斑点，覆盖着一层很薄的白色黏液；随着病情的发展，病灶部分的表皮增厚而形成大块石蜡状的“增生物”；这些增生物长到一定大小之后会自动脱落，而在原处再重新长出新的“增生物”。病鱼消瘦，游动迟缓，食欲较差，沉在水底，陆续死亡。

3. 流行特点

① 在我国鱼养殖区均流行。

② 患病的有鱼种、成鱼，秋末和冬季是主要的流行季节。

③ 当饲养水中的有机质较多时，鱼就容易发生此病。

4. 危害情况

① 危害饲养的当年鱼。

② 感染此病的鱼大多在越冬后期出现死亡。

5. 预防措施

① 强化秋季培育工作，使鱼在越冬前增加肥满度，增强抗低温和抗病能力；

② 经常投喂营养全面的配合饵料，加强营养，增强抵抗力。

6. 治疗方法

① 用 20 毫克/升的三氯异氰脲酸浸洗鱼体 40 分钟。

② 遍洒三氯异氰脲酸，使水体成 0.4～1.0 毫克/升的浓度，10 天后再施药 1 次。

③ 用 10 毫克/升浓度的溴氯海因浸洗后，再遍洒二氯异氰脲酸钠，使水体成 0.5～1.0 毫克/升的浓度，10 天后再用同样的浓度遍洒。

④ 用含量为 6.6%的稳定性粉状二氧化氯制备水溶液全池泼洒，使水体中药物浓度达到 0.4～0.6 毫克/升，10 天后再施药一次，对此病有较好的疗效。

三、出血病的诊断及防治

1. 病原病因

引起鱼患出血病的因素较为复杂，一般有病毒性、细菌性和环境因素的影响。一般认为是由单胞杆菌和寄生虫侵害鱼体或操作粗心，致使鱼体周身或局部受损产生充血、溢血、溃疡等现象。

2. 症状特征

病鱼眼眶四周、鳃盖、口腔和各种鳍条的基部充血。如将皮肤剥下，肌肉呈点状充血，严重时体色发黑，眼球突出，全部肌肉呈血红色，某些

部位有紫红色斑块，病鱼呆浮或沉底懒游。打开鳃盖可见鳃部呈淡红色或苍白色。轻者食欲减退，重者拒食、体色暗淡、清瘦、分泌物增加，有时并发水霉、败血症而死亡。

3. 流行特点

水温在25～30℃时流行，每年6月下旬至8月下旬为流行季节。

4. 危害情况

① 患病的主要是当年鱼。

② 能引起鱼大量死亡。

③ 此病是急性型，发病快，死亡率高。

5. 预防措施

① 幼鱼在培养过程中，适当稀养，保持池水清洁，对预防此病有一定的效果。

② 彻底清塘。

③ 调节水质，4月中旬开始，每隔20天泼生石灰20～25千克/亩，7～8月用漂白粉1毫克/升浓度全池遍洒，每15天进行一次预防，有一定作用。

④ 发病季节不拉网或少拉网，发病池与未发病池水源隔离，死鱼、病鱼要及时捞出深埋地下，渔具经消毒方可使用。

6. 治疗方法

① 用溴氯海因10毫克/升浓度浸洗50～60分钟，再用三氯异氰脲酸0.5～1.0毫克/升浓度全池遍洒，10天后再用同样浓度全池遍洒。

② 严重者在10千克水中，放入100万单位的卡拉霉素或8万～16万单位的庆大霉素，病鱼水浴静养2～3小时，多则半天后换入新水饲养，每日一次，一般2～3次即可治愈。

③ 用敌百虫全池泼洒，使池水呈0.5～0.8毫克/升；用高锰酸钾全池泼洒，使池水呈0.8毫克/升；用强氯精全池泼洒，使池水呈0.3～0.4毫克/升。

④ 每吨饲料加氟哌酸200克，连喂3～5天；或每吨饲料加甲砜霉素

500～1000 克，连喂 3～5 天。

⑤ 每万尾用 4 千克水花生、250 克大蒜、250 克食盐与浸泡豆饼一起磨碎投喂，每天 2 次，连续 4 天，施药前一天用硫酸铜 0.7 毫克/升全池泼洒。

⑥ 高效水体消毒剂 300～400 克/(亩·米)，全池泼洒，连泼三天。

⑦ 黄柏 80%，黄芩 10%、大黄 10%配制成药饵投喂，方法是按每 100 千克鱼种每日用混合剂 1 千克，食盐 0.5～1 千克，面粉 3 千克，麦皮 6 千克，采饼或豆饼粉 3～5 千克，清水适用量，充分拌匀配制成药饵。连续喂 5～10 天。

⑧ 每 100 千克鱼种用 10～15 千克鲜水花生，粉碎成浆加食盐 0.5 千克，再用面粉调和制成药饵，连喂 6 天。

⑨ 每 50 千克草鱼用仙鹤草 250 克、紫珠草 100 克、大青草 250 克、海金沙 100 克。煮汁洒在青饲料上，待水气蒸发后再用大黄、板蓝根各 400～500 克，磨碎并加入 5 克磺胺嘧啶拌匀的精饲料或面粉糊，洒在水气蒸发后的青草上喂鱼。连喂 4～5 天。

四、传染性造血器官坏死病的诊断及防治

1. 病原病因

由传染性造血器官坏死病病毒的感染而引起。

2. 症状特征

发病鱼游动迟缓，但是对于外界的刺激反应敏锐，池塘地面的微振和响动都会使病鱼突然出现回旋急游，病情加剧后，体色变暗发黑、眼球突出、病鱼拒食、腹水、口腔出现瘀点，往往在剧烈游动后不久就死亡。鱼体腹部膨大，腹部和鳍基部充血，眼球外突，鳃丝贫血而苍白，肛门口常拖着长而较粗的白色黏液粪便。

3. 流行特点

① 该病主要危害幼鱼。

② 流行在水温较低的季节。

③ 主要由病鱼的排泄物或被污染物传播。

4. 危害情况

造成感染的鱼大批死亡。

5. 预防措施

加强日常管理，尤其是做好水质管理，加强饵料中的营养。

6. 治疗方法

① 20毫克/升的聚维酮碘浸泡5～10分钟。

② 聚维酮碘与大黄等抗病毒中药用黏合剂混合，拌入饵料中投喂。

③ 氟苯尼考（60～80毫克+多种维生素）/千克鱼，连续投喂5～7天。

五、淋巴囊肿病的诊断及防治

1. 病原病因

由淋巴囊肿病毒侵入导致患病。

2. 症状特征

病鱼的头、皮肤、鳍、尾部及鳃上有单个或成群的念珠状物或水疱状肿胀物，病灶的颜色由白色、淡灰色至粉红色，成熟的肿物可轻微出血。

3. 流行特点

高水温期流行，尤其是以18～30℃可见此病。

4. 危害情况

此病易受细菌继发感染，但一般不会死亡，但降低商品价格，病毒自囊肿破裂处散出或感染其他鱼。

5. 预防措施

20毫克/升的聚维酮碘浸泡5～10分钟。

6. 治疗方法

① 聚维酮碘拌入饵料中投喂，连续投喂5～7天，一日一次。

② 氟苯尼考(60～80毫克+多种维生素)/千克鱼，连续投喂5～7天，一日一次。

六、鲤鳔炎病的诊断及防治

1. 病原病因

由弹状病毒感染导致疾病的发生。

2. 病症特征

病鱼体色发黑、消瘦、贫血、反应迟钝、失去平衡，头朝下滚动，腹部膨大。最严重的就是鱼鳔发生病变，有的可以直接导致鱼类的大批死亡。

3. 流行特点

① 一年四季均可发病，但流行水温为15～22℃，当水温低于13℃时，病毒的活力降低。

② 传播途径是水平传播，也就是直接通过带毒病鱼进行接触性传播。

③ 在全世界内均流行，我国也有发病报道。

4. 危害情况

① 主要危害鲤鱼。

② 2月龄以上的鲤鱼都能受到危害，亲鱼受害较轻。

③ 一般在越冬时会死亡，即使在冬季不死亡，到第二年夏初温度达到20℃左右时，会引起鲤鱼的大批死亡。

④ 死亡率最高时可达95%左右。

5. 预防措施

① 进行综合预防，严格进行检疫制度。

② 不从疫区引进鱼种和亲鱼。

③ 在发病疫区可以通过轮养的方法来消除疾病的破坏力，主要措施是改养对这种疾病不感染的鱼类。

6. 治疗方法

① 用亚甲基蓝拌饲料投喂病鱼，用量为1龄鱼每尾每天20～30毫克，2龄鱼每尾每天35～40毫克，连喂10天，间隔5～8天后再喂药饵10天，共投喂3～5次。

② 亲鱼每千克饲料拌入亚甲基蓝3克，连喂3天，休药2天后再喂3天，连喂3～5次。

七、对虾红体病的诊断及防治

别名：桃拉病毒病。

1. 病原病因

由桃拉病毒感染引起。

2. 症状特征

病虾发病初期尾柄色泽变红，随后红色范围逐渐扩大至整个腹部，最后影响到头胸部，在水平面缓慢游动，离水易死亡。病虾有急性和慢性症状表现。急性期：体表呈红色，尾扇及游泳均变红，空胃，活力低下，甲壳变软，大多会在蜕壳时死亡；慢性期：病虾壳表面出现多重损坏性黑斑。

3. 流行特点

对虾均易感染。

4. 危害情况

对虾体长3～6厘米易发生急性感染，死亡率较高，而到体长8～9厘米后易发生慢性感染，死亡率相对较低。

5. 预防措施

① 防止病原体传播，优化改良池塘环境，增强对虾自身免疫能力。

② 在放苗、除野、选取捕等操作过程中动作要轻，带水作业，虾体不要叠压。

6. 治疗方法

① 盐酸吗啉胍片（抗病毒）氟尔康（抗病菌）免疫多糖、复合维生素、大蒜、鱼油等拌料投喂，每个月 2 个疗程，每个疗程 3～5 天，每天两次。

② 用聚维酮碘或二溴海因全池消毒。

③ 每 10 天左右，全池泼洒二溴海因 0.2 毫克/升，在红体发病高峰期前期，可在饲料中添加虾康宝 0.5%、Vc 脂 0.2%、鱼虾 5 号 0.1%、双黄连口服液 0.5%。

八、鮰鱼病毒病的诊断及防治

1. 病原病因

为一种疱疹病毒。

2. 症状特征

病毒最初感染器官为鱼的肾脏，其次肠、肝脏，后期侵袭中枢神经。病鱼皮肤及鳍基部出血，腹部膨胀，并有淡黄色渗出液（腹水）。鳃苍白或出血，一侧或双侧眼球突出，如解剖检查则可以见到肌肉组织、肝、肾和脾有出血区。脾脏呈浅红色和肿大；胃膨大有黏液状分泌物。肠灰白色，无食物。病鱼呈螺旋形游动，呆滞和头朝上垂直悬浮于水中。

3. 流行特点

① 饲养水温 25～30℃时发病流行高峰。

② 该病有高度的接触传染性，主要危害 10 厘米以下的鱼种，3～4 月龄的幼鱼也会感染。

③ 该病20世纪60年代在美国最先发现流行。在我国大多数养殖鮰鱼的地区都曾受到过这种疾病的危害。

④ 该病毒主要通过鱼体接触和疫水而发生水平传播，带毒成鱼是其传染源；同时，现在的研究结果已经证明这种病毒还可以经受精卵而发生所谓的垂直传播。

4. 危害情况

① 病程一般为3～7天。

② 死亡率可达50%～80%，残存鱼生长缓慢。

③ 当1～3周龄的鱼苗自然感染上该病时，3～7天内即可全部死亡。

5. 预防措施

① 注意放养密度，加强饲养管理，保持良好饲养水质，在网箱中饲养成鱼的放养密度一般应不高于15尾/米^3。

② 引进鱼苗和鱼种时严格实施检疫，避免引进带有病毒的鮰鱼。

③ 在水温比较高时，不要拉网作业，不要运输鱼种。

6. 治疗方法

① 降低水温可减少鱼死亡率，但在生产上并不实用。

② 制备并注射接种土法免疫疫苗。过程与效果如下：首先从饲养网箱中收集具有明显疾病症状的鮰鱼，取出肝、脾、肾及心脏等内脏，称重后，加入5倍的无菌生理盐水。用组织捣碎机捣碎后，以3000转/分钟冷冻离心机离心30分钟，取上清液，加入福尔马林至终浓度达到0.5%，摇匀后放入37℃的恒温水中孵育72小时灭活，将灭活后组织液注射给数尾健康鮰鱼，作安全和效力试验，确认已经灭活后的组织液即为土法组织浆疫苗。制成后的疫苗用容量为500毫升玻璃瓶分装，置于4℃冰箱中保存备用。

其次是采用对胸鳍基部注射免疫接种法，接种量视鱼体大小而定，对体重为25～50克的每尾鮰鱼种注射0.15毫升；体重为50～250克的每尾鱼种则注射0.25毫升，对体重为250克以上每尾鱼种注射0.35毫升。对免疫接种效果的跟踪调查结果证明，土法疫苗接种能成功地预防鮰鱼疱疹病毒病。

③ 各按100毫克/千克鱼体重的用药量在饲料中拌病毒灵和维生素C做成药饵，连续投喂10～12天，有一定效果。

九、虹鳟传染性胰脏坏死病的诊断及防治

1. 病原病因

传染性胰腺坏死病病毒感染。

2. 症状特征

病鱼游动失调，在水中垂直旋转，无规则地绕圈，不久便沉入水底，片刻后又重复以上游动，直至死亡。病鱼体色发黑、眼球突出，鳃丝惨淡贫血，前腹部膨胀，腹部及鳍基部充血，消化道无食物，肛门处常拖有1条线状黏液便。肝脏白色或充血，幽门垂出现凝血块，死亡率极高。

3. 流行特点

① 主要在开食2月龄的苗种间流行，20周龄以上幼鱼一般不再发病。

② 发病水温为10～15℃，水温在10～12℃时死亡率可达80%～100%。8℃以下不发病。

③ 潜伏期与鱼大小及水温有关，鱼越大潜伏期越长，水温越高潜伏期越短。

④ 可经过卵而进行垂直传播，也可随病鱼的粪、尿、性腺分泌物而排入水中，进行水平传播。

4. 危害情况

① 该病主要危害开食2～4周的稚鱼及幼鱼。

② 可引起稚鱼大批死亡，死亡率极高。

③ 从开始回转游动至死亡仅1～2小时。

④ 体重5克以上幼鱼多为慢性，死亡速度较慢。体重5克以下鱼苗多为急性，死亡速度快。

⑤ 是鱼类口岸检疫的第一类检疫对象。

5. 预防措施

① 加强综合预防措施，严格执行检疫制度，应避免购入或输出带病毒的发眼卵或稚鱼、鱼种、亲鱼。

② 加强对鱼池、工具消毒，常用的消毒液为福尔马林或煤酚皂液，使用浓度为原液的200～500倍。

③ 在低温条件下，把稚鱼饲养到尾重5克，具有抵抗能力时，可有效减轻本病发生。

④ 建立虹鳟鱼专门基地，培育无病毒感染的鱼种，严禁混养未经检疫的其他种类的鱼。

⑤ 发眼卵用碘伏（PVP-I）水溶液消毒，浓度为50毫克/升的有效碘水溶液，药浴15分钟；如水的pH高，须用60～100毫克/升浓度。

⑥ 采用独立水体进行产卵、鱼苗孵化、培养。

⑦ 鱼苗、鱼种应放置于渔场最上游，以防止水平传播。

⑧ 病鱼及死鱼应及时销毁。

6. 治疗方法

① 发现疫情要进行彻底消毒，病鱼必须销毁，用浓度为200毫克/升的有效氯消毒鱼池；在8～10℃时，工具用2%福尔马林或氢氧化钠水溶液（pH12.2）消毒10分钟。

② 疾病早期用PVP-I拌饲投喂，每千克鱼每天用有效碘1.64～1.91克，连喂15天。

③ 大黄等中草药拌饲投喂，有防治作用。

④ 可通过提高水温的方法来控制病情发展。

第二节 细菌性疾病

一、细菌性败血症的诊断及防治

细菌性败血症别名溶血性腹水病、腹水病、出血性腹水病等。

1. 病原病因

主要由嗜水气单胞菌、温和气单胞菌等气单胞菌属的细菌所引起。

2. 症状特征

患病早期及急性感染时，病鱼的上下颌、口腔、鳃盖、眼睛、鳍基及鱼体两侧均出现轻度充血，肠内尚有少量食物。当病情严重时，病鱼体表严重充血，眼眶周围也充血，眼球突出，肛门红肿，腹部膨大，腹腔内积有淡黄色或红色腹水。

3. 流行特点

① 几乎各种淡水鱼类均可患此病。

② 从 2 月下旬到 11 月中旬，该病流行水温为 15～36℃。

4. 危害情况

① 该病是一种能造成重大损失的急性传染病。

② 从 2 月龄的鱼种至亲鱼均可能受到该病的危害，发病率可高达 100%，而且重病鱼的死亡率高达 95%以上。

5. 预防措施

① 彻底清塘，严禁近亲繁殖，提倡就地培育健壮鱼种。

② 鱼种下池前严格实施鱼种消毒，可以采用浓度为 15～20 毫克/升的高锰酸钾水溶液浸泡 10～30 分钟；也可以采用浓度为 1～2 毫克/升的稳定性粉状二氧化氯水溶液浸泡 10～30 分钟。

③ 加强饲养管理，适当降低放养密度，注意改善水质，多投喂优质饲料，不投喂变质、有毒饲料或营养不全面的饲料，提高抗病力。

④ 食场周围定期泼洒稳定性粉状二氧化氯、漂粉精、三氯异氰脲酸、优氯净、漂白粉等消毒剂，进行环境消毒。

⑤ 发病鱼池用过的工具要进行消毒，病、死鱼要及时捞出深埋，而不能到处乱扔，发病后的池水未作消毒处理不能乱排水。

6. 防治方法

① 投喂复方新诺明药物饲料，按 10 克/千克鱼体重的用药量，拌入饲料内，制成药饵投喂，每天 1 次，连用 3 天为一个疗程。

② 泼洒优氯净使水体中的药物浓度达到 0.6 毫克/升或泼洒稳定性粉

状二氧化氯，使水体中的药物浓度达到0.2～0.3毫克/升。

③ 在该病的流行季节，定期用显微镜检查鱼体，若发现寄生虫时，应该及时杀灭鱼体外寄生虫。

二、链球菌病的诊断及防治

1. 病原病因

链球菌引起的一种细菌性鱼病。这是我国近年来新发现的一种鱼病，很可能是从国外引进名优水产品时传入的。

2. 症状特征

病鱼眼球浑浊、充血、突出，鳃盖发红，肠道发红，腹部积水，肝脏肿大充血、体表褪色等。

3. 流行特点

① 流行在水温较高的季节。

② 不同的鱼交叉传播快。

4. 危害情况

① 对热带和亚热带的鱼感染率较高。

② 病鱼死亡率较高。

5. 预防措施

① 高温季节加大换水量，降低放养密度，避免过量投饵，清除残饵，改善水质。

② 发病期间加大换水量，及时捞出病鱼、死鱼并掩埋。

③ 有发病征兆时，可用治疗内服药拌饲料投喂3天。

6. 治疗方法

① 病鱼池用漂白粉泼洒，每立方米用药为1克；病鱼池用三氯异氰脲酸泼洒，每立方米用药为0.4～0.5克；病鱼池用漂粉精泼洒，每立方

米用药为 0.5～0.6 克；病鱼池用优氯净泼洒，每立方米用药为 0.5～0.6 克。

② 每 100 千克鱼每天用土霉素 2～8 克拌饲料投喂，连喂 5～7 天。

③ 每 100 千克鱼每天用磺胺甲基嘧啶 10～20 克拌饲料投喂，一天 1 次，连喂 5～7 天。

三、黑死病的诊断及防治

1. 病原病因

病原体不明，有传染性。

2. 症状特征

发病初期，鱼体感觉不舒服，身体发黑，喜躲在池塘的一角，怕光，上下鳍有时不断振动，病重时发出臭腥味。

3. 流行特点

一年四季均可发生。

4. 危害情况

危害热带观赏鱼，特别容易感染七彩神仙。目前食用鱼感染的报道极少。

5. 预防措施

在热带鱼入箱前要加强检疫，并用高锰酸钾浸泡鱼体。

6. 治疗方法

① 病鱼池用漂白粉泼洒，每立方米用药为 1.2 克；病鱼池用三氯异氰脲酸泼洒，每立方米用药为 0.5～0.7 克。

② 每 100 千克鱼每天用磺胺甲基嘧啶 15 克拌饲料投喂，一天 1 次，连喂 7 天。

四、溃疡病的诊断及防治

1. 病原病因

主要是弧菌感染。另外在换水或清池等操作时，由于操作不慎，致使鱼类体表受外伤，尤其是用粗糙渔网捕捞鱼时产生的擦伤常是溃疡症的起因。

2. 症状特征

病鱼游动缓慢，独游，眼睛发白，皮肤溃烂，溃疡损害只限于皮肤、骨骼和骨头。溃疡区多为圆形，直径达 1 厘米。

3. 流行特点

常见病，全年可见。

4. 危害情况

各种鱼均可患病。

5. 预防措施

① 鱼入池前用 PVP-I 20～30 毫克/升浸泡鱼体 5～10 分钟。

② 按鱼的体重配合投喂四环素(70～90 毫克＋多种维生素)/千克。

③ 按鱼的体重用氟哌酸(50 毫克＋多种维生素)/千克，连续投喂3～5 天，一日一次。

6. 治疗方法

① 用食盐或福尔马林对溃疡区消毒后，效果较好。

② 在饵料中掺入 1%～3%庆大霉素或甲砜霉素、磺胺嘧啶，连续用药 5 天。

③ 氟苯尼考、金霉素、土霉素、四环素等抗生素，每天每千克鱼体重用药 30～70 毫克制成药饵，连续投喂 5～7 天。

④ 金霉素、土霉素、四环素等抗生素 10～20 毫克/升药浴 2 小时，连续 5 天为一疗程。

五、肝脏肿大坏死病的诊断及防治

1. 病原病因

① 链球菌等细菌感染引起。

② 饲料中毒素引起，由于投喂腐败变质的饲料引起。

2. 症状特征

病鱼游动缓慢，浮于水面或狂游而死。体色发黑，鳃贫血，眼球充血肿大，突出。体表有一处或多处隆起，尤以尾部为多见，隆起部位出血或溃疡；肛门红肿。

3. 流行特点

在夏秋季节容易暴发。

4. 危害情况

① 对各种鱼均可感染。

② 鱼种阶段死亡率最高。

5. 预防措施

加强饲养管理，保证饲料的新鲜程度，不变质及不受污染。

6. 治疗方法

① 在发病季节，每千克饲料加抗生素 5 克，连续投喂，同时用漂白粉挂袋处理。

② 发病时要对症下药，连续使用一种抗生素时，一般不超过 5～6 天，以免产生抗药性。

六、疖疮病的诊断及防治

1. 病原病因

是由疖疮型点状产气单胞杆菌感染鱼体后所引起的一种严重的皮

肤病。

2. 症状特征

鱼体病灶部位皮肤及肌肉组织发生脓疮，隆起红肿，用手摸有柔软浮肿的感觉。脓疮内部充满脓汁和细菌。脓疮周围的皮肤和肌肉发炎充血，严重时肠也充血。鳍基部充血，鳍条裂开。

3. 流行特点

无明显的流行季节，四季都可出现。

4. 危害情况

主要危害鲤科鱼类。

5. 预防措施

① 彻底清塘消毒。

② 用漂白粉挂篓预防。

③ 用 1 毫克/升的漂白粉全池泼洒。

6. 治疗方法

① 用复方新诺明喂鱼。每 50 千克鱼第 1 天用药 5 克，第 2～6 天用药量减半。药物与面粉拌和投喂，连喂 6 天。

② 每 100 千克鱼每天用氟哌酸 5 克拌饲料，分上、下午两次投喂，连喂 15～20 天。

③ 每 100 千克鱼每天用盐酸土霉素 5～7 克拌饲料，分上、下午两次投喂，连喂 10 天。

七、白皮病的诊断及防治

别名：白尾病。

1. 病原病因

由白皮极毛杆菌引起的。主要由于拉网、分箱、过筛、运输时操作不

细致，使鱼体受伤后感染了细菌的结果。

2. 症状特征

发病初期，在尾柄或背鳍基部出现一小白点，以后迅速蔓延扩大病灶，致使鱼的后半部全成白色。病情严重时，病鱼的尾鳍全部烂掉，头向下，尾朝上，身体与水面垂直，不久即死亡。

3. 流行特点

一年四季均可流行。

4. 危害情况

死亡率高。

5. 预防措施

① 避免鱼体受伤。
② 用 1 毫克/升的漂白粉全池泼洒。

6. 治疗方法

① 用 2～4 毫克/升浓度的五倍子捣烂，用热水浸泡，连渣带汁泼洒全池。
② 用 2%～3%食盐水浸洗病鱼 20～30 分钟。
③ 病鱼池泼洒 0.3～0.5 毫克/升二氧化氯。
④ 每 667 米^2 每米水深用菖蒲 1 千克，枫树叶 5 千克，辣蓼 3 千克，杉树叶 2 千克，煎汁后加入尿 20 千克，全池泼洒。
⑤ 每 667 米^2 用韭菜 2～3 千克，加 0.5 千克食盐，和豆饼一起磨碎后投喂。每日 2 次，连喂 2～3 天。
⑥ 每 667 米^2 用白头翁 1.2 千克，菖蒲 2.4 千克，野菊花 2 千克，马尾松 5 千克，混合煎汁，全池泼洒。

八、鲤白云病的诊断及防治

1. 病原病因

由于恶臭假单胞菌的感染而引起。

2. 症状特征

患病初期可见鱼的体表有点状白色黏液状物质附着，随后逐渐蔓延扩大，病情严重时好似全身布满一片白云，尤其是以头部、背部及尾鳍处黏液更为稠密。病鱼鳞片基部充血，鳞片脱落，沿着池边游动不吃食，游动缓慢，不久即死亡。

3. 流行特点

① 该病流行于水温 6～18℃ 的季节。当水温上升到 20℃ 以上时，这种病可不治而愈。

② 当鱼体受伤后更容易暴发流行。

③ 此病常与竖鳞病、水霉病等疾病并发。

4. 危害情况

病鱼的死亡率可高达 60%以上。

5. 预防措施

① 应选择健壮、未受伤的鱼种饲养。

② 放养前要用高锰酸钾水溶液或盐水等进行药浴，以杀灭体表寄生虫及病原菌。

③ 加强饲养管理，增强鱼体抗病力，尽量缩短越冬停食期。

6. 治疗方法

① 疾病流行季节，每月可投喂添加有抗生素类药物的内服药饲料 1～2 次。

② 将大蒜去皮捣烂，按每千克鱼体重 1～2 克拌饲料投喂病鱼，连续 5 天为一个疗程。

③ 采用腹腔注射抗生素药物的方法，连续注射 3～5 天。

九、爱德华病的诊断及防治

1. 病原病因

爱德华菌感染。

2. 病状特征

初期病鱼胸鳍侧有直径为3～5毫米的损伤，外部如针状的创伤，并深入到肌肉。在10～15天内损伤面积逐渐扩大，患病的鱼在损伤的肌肉内有恶臭的气味。病鱼身体发黑，腹部胀大。发病池的鱼种喜群集在池角处。

3. 流行特点

① 本病流行季节一般在5～9月份。

② 发病水温为15～40℃，最适水温为25～30℃。

③ 加温培育的鱼苗，常易暴发此病。

4. 危害情况

① 多见于鱼苗鱼种阶段。

② 病鱼死亡率在30%～60%。

5. 预防措施

① 升降水温时，温差不能太大，一般不超过3℃为宜，以免鱼因不适应，致使体质下降，易被病菌感染。

② 投喂的饵料要清洁，鲜活饵料要严格消毒，可用三氯异氰脲酸200毫克/升浸浴1～2小时，发病时消毒更应严格。

③ 定期泼洒杀菌剂如二氧化氯3～5毫克/升。

6. 治疗方法

① 可用抗生素如金霉素、土霉素等治疗，用量为每吨饲料中土霉素1.5千克。

② 选用磺胺剂或抗生素中的任何一种搅拌在饵料中投喂。磺胺类药物每天每千克鱼投放药物约200毫克，抗生素每天每千克鱼投40～50毫克，连续5天为一疗程。

③ 每千克饵料中加入2～3克氟哌酸和20克光合细菌，连喂5～7天。

④ 2～5毫克/升土霉素或0.2～0.5毫克/升三氯异氰脲酸全池泼洒，

病情严重时，可连泼 2 天。

十、竖鳞病的诊断及防治

别名：鳞立病、松鳞病。

1. 病原病因

病原体为点状极毛杆菌，多为频繁换水所致。

2. 症状特征

病鱼体表肿胀粗糙，部分或全部鳞片张开似松果状，鳞片基部水肿充血，严重时全身鳞片竖立，用手轻压鳞片，鳞囊中的渗出液即喷射出来，随之鳞片蜕落，后期鱼腹膨大，失去平衡，不久死亡。有的病鱼伴有鳍基充血，皮肤轻度充血，眼球外突；有的病鱼则表现为腹部膨大，腹腔积水，反应迟钝，浮于水面。

3. 流行特点

① 一般流行于水温低的季节或短时间内水温多变时。

② 鱼类越冬后，抵抗力减弱，最易患病。

③ 每年秋末至春季为主要流行季节。

④ 全国各地均流行，但是以东北和华北地区较流行。

⑤ 常有两个流行高峰期，一是鱼产卵期，二是鱼越冬期。尤以产卵期发生该病较多。

⑥ 在静水鱼池中较流行。

4. 危害情况

① 主要危害 2 龄以上的鲤鱼和鲫鱼。

② 病鱼的死亡率一般在 50%左右。

5. 预防措施

① 强化秋季培育工作，使越冬的鱼抗低温和抵抗疾病的能力增强。

② 在捕捞、运输等操作过程中严防鱼体受伤，以免造成细菌感染。

③ 加强鱼越冬前的育肥工作，尽量缩短停食期，早春水温回升后，尽量多投喂鲜活饵料或配合饲料，增强鱼的抗病力。

④ 定期向池中加注新水，保持优良的饲养水质。

6. 治疗方法

① 在患病早期，刺破水泡后涂抹抗生素和敌百虫的混合液，产卵池在冬季要进行干池清整，并用漂白粉消毒。

② 用浓度为2%的食盐溶液浸洗鱼体5～15分钟，每天1次，连续浸洗3～5次。

③ 泼洒二氯异氰脲酸钠，水温在20℃以下时，使水体中的药物浓度达到1.5～2毫克/升。

④ 用链霉素腹腔注射，每尾鱼5万～10万单位。

⑤ 按每千克鱼体重0.5克的用药量，将氟苯尼考拌和在饲料中，连续投喂5天为一个疗程。

⑥ 采取内服磺胺嘧啶的方法治疗，先将病鱼饲养在0.5%的食盐水溶液中，并且停止投喂饵料2天，使鱼体肠道内容物排空后，再放入清水中。每尾鱼按0.2克用药量计算，拌饵料投喂，隔天1次，连续服药5次为一个疗程。

⑦ 用2%的食盐和3%小苏打混合液浸洗病鱼10～15分钟，然后放入含微量食盐（1/10000～1/5000）的水中静养。

⑧ 用二氧化氯20毫克/升溶液浸洗病鱼20～30分钟，或用二氧化氯1～2毫克/升全池泼洒，水温20℃以上用1～1.5毫克/升，20℃以下用1.5～2毫克/升。

⑨ 用氟哌酸粉0.1克加庆大霉素2支，长时间药浴，尤其是在患病初期有效。

⑩ 在浸洗或泼洒时，每10千克鱼体重用氟哌酸0.8～1.0克，每天一次，连喂6次。

⑪ 每100千克水加捣碎的大蒜头0.5～1千克，搅匀后将鱼放入，浸洗约半小时。

⑫ 全池遍洒优氯净（含有效氯56%），使池水成0.5～0.6毫克/千克的浓度。

⑬ 每667米^{2}用艾叶5千克，捣碎取汁，加生石灰1.5千克，调匀后

全池泼洒。

⑭ 在50千克水中加入捣烂的大蒜头0.25千克，给病鱼浸泡数次，有较好疗效。

⑮ 用苦参煎汁，0.5千克苦参加水7.5～10千克，煮沸后用慢火再煮20～30分钟，药渣和汁一起泼入池中，全池泼洒，每667米^{2}用药0.75～1千克，隔天重复一次，3天为一疗程。

十一、尼罗罗非鱼溃烂病的诊断及防治

1. 病原病因

病原体嗜水气单胞菌嗜水亚种。在工厂化高密度养殖及越冬期间，饲养管理不好的情况下，易发病。

2. 症状特征

发病早期，患病鱼体表病灶部位充血，周围鳞片松动竖起，时间一长就会逐渐脱落，病情进一步发展时，患病部位逐渐腐烂并形成红色斑状凹陷，严重时可烂及骨骼。

3. 流行特点

① 在罗非鱼养殖区域广为流行。

② 流行水温在28～30℃。

4. 危害情况

① 主要危害罗非鱼的鱼种及亲鱼。

② 严重时可引起罗非鱼的大批死亡。

5. 预防措施

① 越冬池及工厂化高密度养殖时，要注意放养密度要适量。

② 放养鱼种前，鱼池要用200毫克/升的生石灰清塘消毒。

③ 放养鱼种前，鱼池要用20毫克/升的漂白粉清塘消毒。

④ 室外水温下降到20℃左右时，必须将罗非鱼及时搬入越冬池，在

进入越冬池前，要用4%的食盐水药浴510分钟，杀灭体表的寄生虫。

⑤ 越冬期间，每20天泼洒一次漂白粉，保持池水浓度为1毫克/升；也可泼洒20毫克/升的生石灰。

6. 治疗方法

① 在患病早期，加强饲养管理，越冬池的水温要保持在20℃左右，投喂量要少而精，池水透明度在35厘米以上。

② 用浓度为3%的食盐溶液浸洗鱼体5～10分钟，每天1次，连续浸洗3～5次。

③ 泼洒二氯异氰脲酸钠，使水体中的药物浓度达到1.5毫克/升。

十二、鱼类弧菌病的诊断及防治

1. 病原病因

弧菌感染导致发病。

2. 症状特征

患病鱼类体色发黑，鳃部贫血，有的鱼体表还有溃烂现象，有的鱼体表有出血情况发生，肛门红肿，排出白色黏液状粪便。

3. 流行特点

① 海水、淡水均有感染流行。

② 流行水温为20～25℃。

③ 在欧洲、美国、中国及日本均流行。

4. 危害情况

① 可以感染香鱼、虹鳟鱼、大鳞大麻哈鱼、银大麻哈鱼、鳗鲡、美洲红点鲑、鲫鱼、银鲫、鲤鱼、乌鳢、斑马鱼、剑尾鱼、扁鲛、泥鳅等鱼。

② 低龄鱼危害较严重，高龄鱼危害略轻一点。

③ 发病快、死亡率高。

5. 预防措施

① 每年冬季清除池塘里过多的淤泥，并用20毫克/升的漂白粉清塘消毒。

② 放养鱼种前，鱼池要清淤并用200毫克/升的生石灰清塘消毒。

③ 投喂的饲料营养要丰富，不能投喂发霉、变质、氧化的饲料。

④ 饲养密度要合理，不能过度高密度养殖。

⑤ 发现病鱼，应及时捞出并远离养殖区深埋。

⑥ 小心操作，注意尽可能避免鱼体受伤，加强日常鱼体消毒工作，及时杀灭体表寄生虫。

⑦ 免疫接种最有效，在美国和日本已经广为应用。例如美国已经商品化生产虹鳟鱼的鳗弧菌灭活菌苗，而日本则使用商品化生产的香鱼的鳗弧菌灭活菌苗。

6. 治疗方法

① 每100千克鱼每天用土霉素2～8克拌在饲料中投喂，连喂10～15天。

② 每100千克鱼每天用磺胺甲基嘧啶10～20克拌在饲料中投喂，连喂7～10天。

③ 用含有效氯85%的三氯异氰脲酸全池泼洒，使池水呈0.4～0.5毫克/升浓度。

④ 用含有效氯30%的漂白粉全池泼洒，使池水呈1～1.2毫克/升浓度。

⑤ 用含有效氯60%的漂白精全池泼洒，使池水呈0.5～0.6毫克/升浓度。

⑥ 用含有效氯56%的优氯净全池泼洒，使池水呈0.5～0.6毫克/升浓度。

⑦ 将五倍子磨碎后用开水浸泡一昼夜后，再全池泼洒，使池水呈2～4毫克/升浓度。

十三、皮肤发炎充血病的诊断及防治

1. 病原病因

嗜水气单胞菌嗜水亚种，在水质不良或过多新水刺激时更易发生。

2. 症状特征

皮肤发炎充血，以眼眶四周、鳃盖、腹部、尾柄等处较常见，有时鳍条基部也有充血现象，严重时鳍条破裂。病鱼浮在水表或沉在水底部，游动缓慢，反应迟钝，食欲较差，重者导致死亡。

3. 流行特点

① 春末到初秋是该病的流行季节。

② 水温 20～30℃是该病的流行盛期，当水温降至 20℃以下时，仍然可能有少数鱼患病，且继续死亡，直至水温降到 10℃以下时，才不会再发此病。

③ 是流行范围很广的疾病

4. 危害情况

① 几乎可以危害所有的鱼。

② 死亡率较高，可引起鱼类大量死亡。

5. 预防措施

① 合理密养，水中溶氧量维持在 5 毫克/升左右，尽量避免鱼浮头。

② 加强饲养管理是预防该病发生的关键，要投喂营养丰富的配合饲料，增强鱼的抗病力。

③ 用二氧化氯或三氯异氰脲酸 20 毫克/升浓度浸洗鱼体，当水温 20℃以下时，浸洗 20～30 分钟；21～32℃时，浸洗 10～15 分钟，该法可以用作预防和早期的治疗。

6. 治疗方法

① 用二氧化氯或二氯异氰脲酸钠 0.2～0.3 毫克/升浓度全池遍洒。如果病情严重浓度可增加到 0.5～1.2 毫克/升，疗效更好。

② 用三氯异氰脲酸 2.0～2.5 毫克/升浸洗鱼体 30～50 分钟，每天一次，连续 3～5 天。

③ 用链霉素或卡那霉素注射，每千克鱼腹腔注射 12 万～15 万国际单位，第五天加注一次。

④ 用氟哌酸内服，每 10 千克鱼体重用药 0.8～1.0 克，每天 1 次，拌饵连续内服 6 天。

⑤ 将新霉素粉 0.2 克加食盐 250 克溶于 10 千克水中，浸洗病鱼 10～20 分钟。

⑥ 用低浓度的高锰酸钾溶液浸洗病鱼 10 小时。

十四、黏细菌性白头白嘴病的诊断及防治

1. 病原病因

纤维黏细菌感染。

2. 症状特征

病鱼的头部和嘴圈长着白色棉花状菌丝，为乳白色，唇似肿胀，以致嘴部不能张闭而造成呼吸困难，有些病鱼颅顶和瞳孔周围有充血现象，呈现“红头白嘴”症状。病鱼通常不合群，游近水面呈浮头状。难以摄食，游动缓慢无力，以至死亡。

3. 流行特点

每年 5 月下旬至 7 月上旬是流行季节，6 月为流行高峰期。

4. 危害情况

① 主要危害放养一周后的夏花鱼种。

② 该病属急性病，发病迅速，易致鱼苗大批量死亡。有时第 1 天仅死几尾鱼，次日便出现大量死亡。

5. 预防措施

① 适当稀养。

② 用 2%的食盐水溶液浸洗 5～10 分钟。

③ 用 20 毫克/升的二氧化氯或三氯异氰脲酸浸洗，注意切断病源，密度适中，投饵新鲜，定期添加抗生素。

6. 治疗方法

① 用青霉素或10毫克/升土霉素溶液浸浴病鱼。

② 每10千克水加入10万～25万单位水溶性青霉素或金霉素溶液浸洗。

③ 用1毫克/升含有效氯30%的漂白粉全池泼洒1～2次。

④ 发病初期用浓度为15毫克/升的金霉素或25毫克/升的土霉素溶液浸洗鱼体30分钟，再泼洒漂白粉，使水体中药物浓度达到1毫克/升。

⑤ 乌蔹莓（五爪龙）硼砂合剂：其用量为每立方米乌蔹莓5～7克，硼砂1.5～2.0克，通常每天洒药1次，连续3天，病情严重者，应连续洒药6天。

⑥ 每立方米水体用五倍子2～4克，全池泼洒。

⑦ 每立方米水体用大黄1～1.5克和硫酸铜0.5克，全池泼洒。大黄先用氨水浸泡，以提效。

⑧ 每667米^{2}用菖蒲1～1.5千克，艾草2.5千克，食盐1.5千克，全池泼洒，连续3天。

十五、打印病的诊断及防治

别名：腐皮病。

1. 病原病因

因操作不当，鱼体受伤，导致点状产气单胞菌点状亚种侵入，造成鱼体肌肉腐烂发炎。

2. 症状特征

发病部位主要在背鳍和腹鳍以后的躯干部分，其次是腹部侧或近肛门两侧，少数发生在鱼体前部。病初先是皮肤、肌肉发炎，出现红斑，后扩大成圆形或椭圆形，边缘光滑，分界明显，似烙印，俗称“打印病”。随着病情的发展，鳞片脱落，皮肤、肌肉腐烂，甚至穿孔，可见到骨骼或内脏。病鱼身体瘦弱，游动缓慢，严重发病时，陆续死亡。

3. 流行特点

① 该病几乎可以危害所有的鱼类，而且大多是由于鱼类体表受伤后

由病原菌的感染所致。

② 春末至秋季是流行季节，夏季水温28～32℃是流行高峰期。

③ 各地均有。

4. 危害情况

① 此病是食用鱼和观赏鱼的常见病、多发病，患病的多数是一龄以上的大鱼，当年鱼患病少见。

② 亲鱼患此病后，性腺往往发育不良，怀卵量下降，甚至当年不能催产。

5. 预防措施

① 彻底清塘，经常保持水质清洁，加注新水。

② 加强饲养管理，注意细心操作，避免鱼体受伤，可有效预防此病。

③ 在发病季节用1毫克/升的漂白粉全池泼洒消毒。

④ 用0.3毫克/升二氧化氯全池泼洒或用20毫克/升三氯异氰脲酸药浴10～20分钟。

6. 治疗方法

① 每尾鱼注射青霉素10万国际单位，同时用高锰酸钾溶液擦洗患处，每500克水用高锰酸钾1克。

② 用2.0～2.5毫克/升溴氯海因浸洗。

③ 发现病情时，及时用1%三氯异氰脲酸溶液涂抹患处，并用相同的药物泼洒，使水体中的药物浓度达到0.3～0.4毫克/升。

④ 用稳定性粉状二氧化氯泼洒，使水体中的药物浓度达到0.3～0.5毫克/升。

⑤ 对患病亲鱼可在其病灶上涂搽1%的高锰酸钾溶液或紫药水，或用纱布吸去病灶水分后涂以金霉素或四环素药膏。

⑥ 每667米^{2}用苦参0.75～1千克，每0.5千克药加水7.5～10千克，煮沸后再慢火煮20～30分钟，然后把渣、汁一起泼入水中，连续3天为一疗程。发病季节每半月预防一次。

⑦ 每667米^{2}用苦参0.5千克，漂白粉2千克，将苦参加水7.5千克，煮沸后再慢火煮30分钟，然后把渣、汁一起泼入水中，同时配合施

用漂白粉，将漂白粉化水全池泼洒，连续3天为一疗程。

十六、出血性腐败病的诊断及防治

1. 病原病因

① 由荧光假单胞菌的感染而引起。

② 通常鱼体受伤，水体溶氧含量低，有机质含量高，易发生此病。

2. 症状特征

病鱼体表局部或大部充血发炎，鳞片脱落，特别是鱼体两侧及腹部最明显。背鳍、尾鳍等鳍条基部充血，上下颌及鳃盖都有充血现象，部分病鱼的鳍条末端腐烂（常称为“蛀鳍”）。

3. 流行特点

① 该病一年四季都可以发生。

② 水温25～30℃时最为常见。

③ 我国各地都有此病流行。

④ 此病常与细菌性烂鳃病、肠炎病、水霉病并发。

4. 危害情况

各种鱼均可患此病。

5. 预防措施

① 合理密养，水中溶氧量最好维持在5毫克/升左右。

② 注意饲养管理，操作要小心，尽量避免鱼体受伤。

③ 用漂白粉1毫克/升浓度全池遍洒。

④ 鱼体放养时先用10毫克/升漂白粉洗浴20～30分钟，再放养。

⑤ 放鱼后在饵料台用漂白粉挂篓或漂白粉250克兑水溶化，立即在饵料台及附近泼洒，每半月1次。

6. 治疗方法

① 用20毫克/升二氧化氯或三氯异氰脲酸浸洗或用0.2～0.3毫克/

升二氧化氯或三氯异氰脲酸全池遍洒。

② 用依沙吖啶（利凡诺）20 毫克/升浸洗或 0.8～1.5 毫克/升全池遍洒。

③ 用浓度为 2%的食盐溶液浸洗鱼体 5～15 分钟，每天 1 次，连续浸洗 3～5 次。

④ 内服“三黄一莲”药草法：第一天按每 50 千克草鱼种用复方新诺明 8 克，盐酸黄连素 4 克，大黄苏打片 8 克，穿心莲 8 克。混合捣碎，掺入煮熟冷却后的面粉中，充分搅拌均匀，拌入 20 千克嫩草，晾干后投喂，4 天为一个疗程，第二天至第四天药量减半。

⑤ 每 100 千克鱼种用鲜车前草、铁马鞭、辣蓼各 4 千克。切碎加水，煎煮 1 小时，药液冷却后加 5 克捣碎的氟哌酸（每 100 千克鱼 10 克，第二天减半），拌合，加面粉调成糊状，再拌入切碎的优质青草 5～7.5 克，晾干后喂鱼，连喂 3～5 天。

⑥“三黄粉”是大黄、黄柏、黄芩三种中药粉按 5∶3∶2 的比例配合而成，在草鱼“三病”流行季节，每隔半月至 1 月，每 50 千克鱼用“三黄粉”1 千克，食盐 0.3～0.4 千克，拌入 10 千克精料中，加水适量，制成团状或颗粒药饵投喂于食场，连续投喂 3～6 天，每天一次，以预防“三病”。在用于治疗时，用量与用法同上，但要连续投喂 1 周，而后根据病情可连续投喂药饵 1 周。

⑦ 每 50 千克草鱼用拉拉秧 1.5～2.5 千克，粉碎成浆，掺入面粉 0.5 千克作黏合剂，再拌水草或麦皮 2.5 千克，治疗前停食 1 天，每天上午 9 点左右投喂一次，连续 3～5 天。第一天用药的同时，每 667 米^2 用生石灰 12.5 千克，或每立方米水体用敌百虫 0.2～0.5 克，全池泼洒。

⑧ 每 667 米^2 用蓖麻鲜叶或嫩叶 15 千克，扎成捆，放置鱼池内浸泡，让其糜烂。

十七、肠炎病的诊断及防治

别名：烂肠瘟、乌头瘟。

1. 病原病因

病原体为肠道点状产气单胞杆菌。在水质恶化、溶氧低、饲料变质或腐败、摄取含细菌的不洁食物情况下，鱼体抵抗力下降，继发细菌感染。

2. 症状特征

病鱼呆滞，反应迟钝，离群独游，鱼体发黑，行动缓慢、厌食、甚至失去食欲，鱼体发黑，头部、尾鳍更为显著，腹部膨大、出现红斑，肛门红肿，初期排泄白色线状黏液或便秘。严重时，轻压腹部有血黄色黏液流出。有时病鱼停在池塘角落不动，作短时间的抽搐至死亡。

3. 流行特点

① 多见于4～10月，水温达到18℃以上时开始，流行高峰时的水温通常为25～30℃。

② 该病表现为两个流行高峰，一龄以上的鱼发病多在5～6月份，甚至提前到4月份；而当年的鱼种大多在7～9月份发病。

③ 此病是一种流行很广的细菌性疾病，常与细菌性烂鳃病、赤皮病并发。

4. 危害情况

可引起鱼大批死亡，平均可达50%以上，严重时死亡率可高达90%。

5. 预防措施

① 饲养环境要彻底消毒，投放鱼种前用浓度为10毫克/升的漂白粉溶液浸洗饲养用具。

② 加强饲料管理，掌握投喂饲料的质量，忌喂腐败变质的饲料，在饲养过程中定期加注新水，保持水质良好。

③ 用5毫克/升的土霉素或四环素药浴，也可用1毫克/升的漂白粉全池遍洒，来达到预防的目的。

6. 治疗方法

① 每升水用1.2克二氧化氯，将病鱼放在水中浸洗10分钟，用药2～3次，效果很好。

② 每升水中放庆大霉素10支或金霉素10片或土霉素25片，然后将病鱼浸浴15分钟，有一定疗效。

③ 在50千克水中溶氟哌酸0.1～0.2克，然后将病鱼浸浴20～30分钟，每日一次。

④ 饲料中添加新霉素，每千克饲料添加 1.5 克，连喂 5～7 天。

⑤ 对于发病严重已经不摄食的鱼，可每天腹腔注射卡那霉素 200～500 单位，连续 3～5 天或至症状消失。

⑥ 按每 10 千克鱼用大蒜 50 克，每天一次，连续投喂 3 天。

⑦ 按每 10 千克鱼用地锦草干草 50 克或鲜草 250 克，每天一次，连续 3 天。

⑧ 按每 10 千克鱼用铁苋菜干草 50 克或鲜草 200 克，每天一次，连续 3 天。

⑨ 按每 10 千克鱼用辣蓼鲜草 200 克，每天一次，连续 3 天。

十八、黏细菌性烂鳃病的诊断及防治

别名：乌头瘟。

1. 病原病因

鱼体被柱状纤维黏细菌感染。

2. 症状特征

鳃部腐烂，带有一些污泥，鳃丝发白，有时鳃部尖端组织腐烂，造成鳃边缘残缺不全、有时鳃部某一处或多处腐烂，不在边缘处。鳃盖骨的内表皮充血发炎，中间部分的表皮常被腐蚀成一个略成圆形的透明区，露出透明的鳃盖骨，俗称“开天窗”。由于鳃部组织被破坏造成病鱼呼吸困难，常游近水表呈浮头状；行动迟缓，食欲不振。

3. 流行特点

① 水温在 20℃以上即开始流行，春末至秋季为流行盛期。水温在 15℃以下时，病鱼逐渐减少。

② 全国各地都有此病流行。

③ 此病是食用鱼的常见病、多发病。

4. 危害情况

① 此病危害所有的鱼。

② 此病能使当年鱼大量死亡。

5. 预防措施

① 当年鱼适当稀养。

② 使用漂白粉挂袋预防。

③ 在发病季节每月全池遍洒生石灰水 1～2 次，保持池水 pH 值为 8 左右。

④ 定期将乌桕叶扎成小捆，放在池中沤水，隔天翻动一次。

⑤ 在发病季节尽量减少捕捞次数，避免使鱼体受伤。

⑥ 放养鱼种前用浓度为 10 毫克/升的漂白粉或 15～20 毫克/升的高锰酸钾溶液浸洗鱼种 15～30 分钟，或用 2%的食盐溶液浸洗 10～15 分钟。

6. 治疗方法

① 及时采用杀虫剂杀灭鱼体鳃上和体表的寄生虫。

② 用漂白粉 1 毫克/升浓度全池遍洒。

③ 用中药大黄 2.5～3.75 毫克/升浓度，每 0.5 千克大黄（干品）用 10 千克淡的氨水（0.3%）浸洗 12 小时后，大黄溶解，连药液、药渣一起全池遍洒。

④ 在 10 千克的水中溶解 11.5%浓度的氯胺丁 0.02 克，浸洗 15～20 分钟，多次用药后见效。

⑤ 100 千克水中放入氟哌酸或土霉素 2～3 片，用来较长时间浸洗鱼体。

⑥ 用高效水体消毒剂，每亩每米水深用量为 300～400 克，全池泼洒，连泼 3 天。

⑦ 用 2 毫克/升的三氯异氰脲酸溶液浸洗数天，然后更换新水。

⑧ 用青霉素或庆大霉素溶于池中，用药量为青霉素 80 万～120 万单位或庆大霉素 16 万单位溶于 50 千克水全池泼洒。

⑨ 泼洒稳定性粉状二氧化氯，使池水中药物浓度达到 0.3～0.4 毫克/升。

⑩ 泼洒五倍子（磨碎浸泡），使池水中药物浓度达到 2～4 毫克/升。

⑪ 用食盐 2%浓度水溶液浸洗。水温在 32℃以下，浸洗 5～10 分钟。

⑫ 每立方米水使用五倍子 1～4 克，全池泼洒。

⑬ 用乌桕叶干粉按每立方米池水量 6.25 克计算，用 20 倍乌桕叶干粉量的 2%生石灰水浸泡，煮沸 10 分钟，使 pH 值在 12 以上，全池泼洒。

⑭ 大黄按每立方米池水量 2.5～3.7 克计算用量，用 20 倍大黄量的 3%氨水浸泡 12 小时后，全池泼洒。

⑮ 每万尾鱼种或每 50 千克鱼用干地锦草 250 克（鲜草 1.25 千克）煮汁拌在饲料内或制成药饵喂鱼。3 天为一疗程。

⑯ 将辣蓼、铁苋菜混合使用（各占一半），按每 50 千克鱼每天用鲜草 1.25 千克或干草 250 克计算。煮汁拌在饲料内或制成药饵喂鱼。3 天为一疗程。

十九、蛀鳍烂尾病的诊断及防治

别名：烂尾病。

1. 病原病因

是由点状产气单胞杆菌引起的细菌性鱼病。

2. 症状特征

病鱼的鳍条边缘出现乳白色，后逐渐扩大，末端裂开，继之腐烂而造成鳍条残缺不全，尾鳍尤为常见。有时每根鳍条软骨间结缔组织裂开，有时尾鳍成扫帚状，严重时整个尾鳍烂掉。病鱼在水中游动时形似白色尾巴，病鱼常常头部朝下，倒立在水中。

3. 流行特点

① 该病一年中均很常见。

② 各种规格的鱼都可能发生此病。

③ 常伴随感染水霉病。

4. 危害情况

① 此病多发生在尾鳍较薄的鱼类品种。

② 在水温较高的季节，病鱼可能死亡，当水温较低时，即使尾鳍全部烂掉，病鱼也不会死亡。

5. 预防措施

① 捕捞、换水等操作要小心，防止鱼体机械受伤。

② 尽量消灭寄生虫，防止寄生虫咬伤鱼体，以减少致病菌感染。

③ 用0.5毫克/升二氧化氯全池遍洒。

④ 每100千克鱼每天用3克氟哌酸拌饲料投喂，连喂5天。

6. 治疗方法

① 用三氯异氰脲酸泼洒，使饲养水中的药物浓度达到0.4～1毫克/升。

② 发病初期，用浓度为1%的二氯异氰脲酸钠溶液涂抹，每天1次，连续多次，同时用二氧化氯泼洒，使饲养水中的药物浓度达到1～2毫克/升。

③ 用浓度为2.5毫克/升的土霉素溶液浸洗鱼体30分钟，再泼洒稳定性粉状二氧化氯，使水体中药物浓度达到0.3毫克/升。

④ 用0.8～1.5毫克/升的依沙吖啶（利凡诺）全池遍洒，适用于名贵品种。

⑤ 用药物治疗的同时，必须投喂营养丰富的配合饲料，加强营养，以增强抗病力与组织再生能力。

⑥ 每667米^{2}水面用五倍子1千克，加水3～5千克，煮沸20分钟，连渣带汁全池泼洒，使池水含五倍子浓度为每立方米1～4克。

二十、水痘病的诊断及防治

1. 病原病因

初步认为是由细菌性病原的感染而引起的疾病，致病菌种类待定。

2. 症状特征

病鱼体表出现一粒粒小水痘，其大小不一，小的如绿豆，大的如豌豆，通常为圆形或椭圆形，水痘内是淡黄色液体。水痘大多集中在鱼体腹部和腹面两侧，少数位于鱼体尾部、颌下。水痘的数量少则3～5个，多则10余个。

3. 流行特点

① 该病从春末到秋初均有发生。

② 各种规格的鱼都可能发生此病，但是以大规格的鱼为多。

4. 危害情况

① 主要感染温水性鱼类。

② 有些鱼的水痘会自行消失，有些鱼的水痘破裂后，可能在破裂处出现发炎充血现象，最后导致病鱼死亡。

5. 预防措施

在发病季节用 0.2～0.3 毫克/升二氧化氯全池遍洒。

6. 治疗方法

① 用浓度为 1%的二氯异氰脲酸钠或者依沙吖啶（利凡诺）溶液涂抹水痘破裂处，防止继发性感染致病菌。每天 1 次，连续 3～6 天，直至伤口愈合。

② 用溴氯海因泼洒，使饲养水中的药物浓度达到 0.4～1 毫克/升。

③ 用二氧化氯泼洒，使饲养水中的药物浓度达到 1～2 毫克/升。

④ 用维生素 E 内服，每 10 千克鱼体重用 0.6～0.9 克内服，连续 10～15 天。

二十一、穿孔病的诊断及防治

别名：洞穴病。

1. 病原病因

病原体是鱼害黏球菌。

2. 症状特征

早期病鱼食欲减退，体表部分鳞片脱落，表皮微红，外观微微隆起，随后病灶出现出血性溃疡，从头部、鳃盖、背部、腹部、鳍部直到尾柄均可出现。其溃疡不仅限于真皮层，而且深及肌肉，严重的甚至骨骼和内脏，酷似一个洞穴，故又称洞穴病。鲤丝红肿成棒状，有的呈紫色，有的整个鳃丝呈苍白色，有的部分鳃丝形成血栓，以致呼吸困难，窒息而死。

3. 流行特点

每年从9月到次年6月为流行期，而10月到初冬水温较低时，为流行盛期。

4. 危害情况

① 此病是危害很大的传染病，1971年日本发现此病。这是鱼疾病中危害最大的一种病，发病快，病程持续时间较长。

② 鱼苗、幼鱼均可发生此病。

5. 预防措施

① 经常投喂营养丰富的配合饲料，加强营养，增强对穿孔病的抗病力。

② 合理密养，水中溶氧量最好维持在5毫克/升左右。

③ 死亡的病鱼务必深埋并加生石灰消毒灭菌。

④ 病鱼池水用漂白粉10毫克/升浓度全池遍洒消毒24小时后方可排出。

6. 治疗方法

① 二氧化氯和食盐合剂浸洗。二氧化氯20毫克/升加食盐1.4%混合液浸洗20～30分钟，每天浸洗一次，连续浸洗2～3次，预防比治疗效果更好。

② 用浓度为1%的二氧化氯溶液涂抹病灶处，每天1次，连续3～5次，能使伤口愈合，最后出现新的鳞片。

③ 用溴氯海因泼洒，使饲养水中的药物浓度达到0.4～1毫克/升。

④ 用二氯异氰脲酸钠泼洒，使饲养水中的药物浓度达到1～2毫克/升，以防止伤口感染。

二十二、烂鳍病的诊断及防治

1. 病原病因

多因饲水不良，水质长期浑浊或因投饵太多造成水质恶化，致使细菌增生，受新水刺激过多，或鱼儿互相撕咬导致细菌感染。

2. 症状特征

鱼鳍破损变色无光泽，伤口分泌黏液，烂处有异物，或透明的鳍叶发白，白色逐渐扩大。严重时鱼鳍残缺呈扫帚状或不能舒展。整个鱼鳍腐烂，尾鳍与背鳍、腹鳍均有可能腐烂导致鱼死亡。

3. 流行特点

一年四季都有此病发生，多流行于夏季。

4. 危害情况

鳍条较薄的鱼易发生。鱼种阶段易发生。

5. 预防措施

① 用浓度为200毫克/升的生石灰或浓度为20毫克/升的漂白粉进行彻底清塘。

② 运输鱼时，采用4%的盐水浸泡5～10分钟，消灭鱼体表的病原体。

③ 越冬时或工厂化高密度饲养时，放养鱼的密度要适当。

④ 加强饲养管理，投喂饲料要少而精，及时捞除残饲及排除污物，经常换水，在100千克水中放土霉素5~8片浸洗消毒，可预防感染此病。

6. 治疗方法

① 在100千克的水中放新霉素0.2克进行浸洗消毒，多次用药后可缓解病情。

② 在100千克水中放氟哌酸3～5片，浸洗病鱼30分钟。

③ 用低浓度的高锰酸钾溶液浸洗消毒。

④ 用 20 毫克/升金霉素药液药浴 2～3 小时，连续数天。

⑤ 每 10 千克水中放入 5 万～10 万单位的青霉素浸泡病鱼，直至治愈。

⑥ 5 毫克/升二氧化氯加 5%食盐浸泡病鱼。

⑦ 食盐加高锰酸钾（2 毫克/升）浸泡病鱼。

二十三、鳖红脖子病的诊断及防治

别名：“阿多福病”，或大脖子病。

1. 病原病因

病原体为嗜水气单胞菌。

2. 症状特征

鳖发病时，常浮在水面或独自爬到岸上，或钻入岸边的泥土里、草丛中，不肯下水。食欲缺乏，行动迟钝。病鳖背甲失去光泽呈黑色，颈部特别肿胀，发炎充血且发红，以至于不能正常缩回甲壳内。腹部也发红充血或有霉烂的斑块，周边浮肿，并逐渐溃烂。有的肝脾肿大，呈点状出血，有的有坏死病灶。有的引起眼睛混浊发白而失明，舌尖、口鼻出血，大多数在上岸晒背时死亡。

3. 流行特点

① 在鳖的生长季节都有流行，高峰期为 7～8 月。

② 流行较广，有传染性，一旦发病，就会蔓延开来。

4. 危害情况

① 幼鳖、成鳖都会有感染。

② 死亡率一般在 20%～30%。

5. 预防措施

① 在生产中发现，水温是导致红脖子病的重要因素，操作中要尽力

保持水温的相对恒定。若水温变幅大，要经常消毒池水、控制水体内病原菌的相对密度。

② 由于鳖对嗜水气单胞菌能产生免疫力，因此可用“土法疫苗”制成饲料投喂或注射。方法是取患典型红脖子病的鳖的肝脾、肾等脏器，经捣碎、离心、防腐灭活等制成，然后在发病之前注射到鳖后肢肌肉处，每只注入疫苗 0.5 毫克，可使鳖产生免疫力。

6. 治疗方法

① 在发病季节注意改善水质，加强饲养管理，能减少此病的暴发流行。一是用生石灰清塘，换新水。二是及时将病甲鱼隔离。三是发现此病后，不要将氨水混进水塘，否则患病愈加严重。

② 饲料中添加抗生素（每千克鳖添加约 10 万单位）或抑菌药（每千克鳖约 10 毫克），制成药饵喂鳖防治。

③ 据报道，引起红脖子病的嗜水气单胞菌对杆菌肽、卡那霉素、庆大霉素敏感，而对磺胺类药物、链霉素、青霉素等抗生素耐药，所以我们在用药时要注意这一点。宜选用药敏试验的高敏药物，常注射庆大霉素治疗，每千克鳖用 15 单位，从鳖的后肢基部与底板之间注入。

二十四、鳖腹甲红肿病的诊断及防治

别名：红底板病。

1. 病原病因

病原是点状产气单胞菌点状亚种。病因一是多由运输过程中挤压、抓咬所致，二是红脖子病或其他内脏炎症的反应，在养殖季节容易发生。

2. 症状特征

腹甲发炎红肿并伴有脖颈肿大和红肿病症，整个腹部充血发红，并伴有糜烂、胃和肠道整段充血发炎等症状。

3. 流行特点

3 月下旬至 6 月为发病季节，日本及我国很多地区均有红底板病的流行。

4. 危害情况

① 晚上爬到塘坡上的鳖、反应迟钝的病鳖大多仅能活1～2天，白天不下水的鳖，多数几个钟头就死了。

② 经治疗，有70%以上的治愈率。

5. 预防措施

① 在捕捉、运输过程中应注意保护，避免相互残伤。

② 发现病鳖应及时隔离，用石灰清塘消毒。

③ 在越冬前每100千克鳖体，每天每千克体重用抗生素10毫克，连喂6天，增强越冬期的抗病力。

6. 治疗方法

① 外伤性的腹甲红肿病可用20毫克/升的二氧化氯溶液浸洗10分钟。

② 注射抗生素，每千克鳖约10万～15万单位。

③ 注射硫酸链霉素，每千克鳖2万国际单位。3天可恢复摄食，5天后红斑开始消退，7天痊愈。

④ 在饵料中加入磺胺药可治疗早期红底板病。

二十五、龟鳖腐皮病的诊断及防治

别名：溃烂病、皮肤溃烂病、烂爪病。

1. 病原病因

由嗜水气单胞菌感染引起，大多是由于龟鳖相互撕咬与地面摩擦受伤后细菌感染所致。

2. 症状特征

四肢、颈部、背壳、裙片、尾部及甲壳边缘部的皮肤发生糜烂是该病的主要特征，皮肤组织变白或变黄，患部不久坏死，产生溃疡，进一步发展时，颈部的肌肉及骨骼露出、背甲粗糙或呈斑块状溃烂，皮层大片脱

落，病情严重者，反应迟钝，活动微弱，不摄食，短期内死亡。

3. 流行特点

① 各种规格的龟鳖都会出现此症，500 克左右的鳖和 150 克左右的龟更易患腐皮病。

② 流行季节是 5～9 月，7～8 月是发病高峰季节。

4. 危害情况

发病率高，持续期长，危害严重，死亡率可达 20%～30%。

5. 预防措施

① 放养龟鳖时，要挑选平板肉肥，体健灵活，无病无伤，规格大小均匀的龟鳖，且雌雄搭配要合理。

② 入池前用 1 毫克/升戊二醛或菌必清药浴 10～15 分钟。

③ 温室养殖的龟鳖，在整个养殖期间，要分池一次，避免大小不均匀相互撕咬。

④ 注意水质清洁，坚持每周用 2～3 毫克/升的漂白粉全池泼洒。

⑤ 放养前用 0.003%的氟哌酸对龟鳖进行浸洗，水温为 20℃以下时，浸洗 40～50 分钟，20℃以上时，浸洗 30～40 分钟，既可预防又可进行早期治疗。

⑥ 每 1～2 周按每 200 千克饲料中加入鱼肝宝套餐或鱼病康套餐一个十三黄粉 25 克＋芳草多维 50 克或芳草 Vc 50 克，连用 3 天左右。

6. 治疗方法

① 发现病鳖病龟应及时隔离治疗，密度小于 1 只/米^2。用 0.001%的碘胺类药或链霉素浸洗病鳖病龟 48 小时，反复多次可痊愈，治愈率可达 95%。

② 用土霉素和四环素，每千克体重 0.05 毫克，药饵治疗，或用上述药 0.004%药浴 48～72 小时均有效。

③ 按每 100 千克饲料中加入鳖虾平 500 克＋三黄粉 25 克＋芳草多维 50 克或芳草 Vc 50 克内服。

二十六、龟疥疮病的诊断及防治

别名：脓疮病。

1. 病原病因

由嗜水气单胞菌感染导致。在龟体受伤时更易发生。

2. 症状特征

龟颈、四肢有一个或数个黄豆大小的白色疥疮，用手挤压四周有黄色、白色的豆渣状分泌物。

3. 流行特点

① 各种龟均有发病现象。

② 除冬季外，其他季节均有发生。

4. 危害情况

① 成龟和幼龟都能感染发病。

② 早期治疗有效果，严重者 2～3 周死亡。

③ 死亡率在 60%。

5. 预防措施

① 保持龟的生长环境良好。

② 谨慎操作，不能让龟受伤。

6. 治疗方法

① 将龟隔离饲养，将病灶的内容物彻底挤出，用碘酒擦抹，敷上土霉素粉。

② 再将棉球（棉球上有土霉素或金霉素眼药膏）塞入洞中。

③ 清洗伤口后，涂抹金霉素或肤轻松软膏。

④ 肌肉注射卡那霉素，每千克龟体重用药 20 万国际单位。

二十七、青虾烂眼病的诊断及防治

别名：瞎眼病。

1. 病原病因

是由霍乱弧菌感染引起青虾眼睛溃烂的一种疾病。由于养殖密度过高，或投饲不当，引起水质恶化，溶氧不足，或青虾的抵抗力下降，而诱发得病。

2. 症状特征

病虾行动呆滞、翘首、伏于池底或水草上，不时浮于水面狂游，或翻滚。全身肌肉由无色透明逐渐变为白色不透明；眼球受损、肿胀，角膜颜色由黑色变为褐色，严重者眼球溃烂，有的只剩下眼柄。

3. 流行特点

① 全国各地均有。

② 6～8 月是主要流行期。

4. 危害情况

① 影响虾的摄食。

② 严重者可导致青虾蜕壳困难。

5. 预防措施

① 彻底清塘，合理的放养密度，改善进排水条件，以保持良好水质。

② 投喂优质及适量的饲料，严防投饲过量，造成残饵分解，败坏水质。

③ 尽可能避免水温等环境条件发生突然变化。

6. 治疗方法

每亩每米水深用漂粉精 0.35 千克化水全池泼洒，每隔 1～2 天泼一次，连泼 2～3 次。同时投喂药饵 5～7 天。

二十八、虾白浊病的诊断及防治

1. 病原病因

环境如水温变化过大或操作不当引起，也有细菌感染引起。

2. 症状特征

发病初期虾尾部有几块小白斑，以后逐渐向前扩展，最后整个虾体变白，外壳逐渐变软。

3. 流行特点

以雌虾患病居多。

4. 危害情况

严重时可造成对虾死亡。

5. 预防措施

平时加强水质管理，用光合细菌或复合芽胞杆菌调节水质。

6. 治疗方法

① 全池泼洒二溴海因 0.3 毫克/升，病虾隔离饲养，注意环境的变化情况，尤其是水温的变化。

② 内服鱼虾 5 号 0.1%、虾蟹脱壳素 0.1%、虾康宝 0.5%、Vc 脂 0.2%、抗病毒口服液 0.5%、营养素 0.8%。

二十九、对虾细菌性荧光病的诊断及防治

1. 病原病因

发光弧菌引起的荧光病。

2. 症状特征

对虾在鳃、头、胸部、腹部的腹面发出荧光，严重时虾体全身发荧光。病虾摄食减少或不摄食，触须断裂，反应迟钝，缓慢游于水池浅水处。

3. 流行特点

① 所有的对虾都有可能感染。

② 全年都是感染期。

4. 危害情况

对雌虾的影响较大，易导致对虾大批死亡。

5. 预防措施

① 加强水质管理。

② 对饲料要加强消毒处理，减少病菌感染的机会。

6. 治疗方法

① 对水体进行消毒，方法是用二溴海因 0.2 毫克/升全池泼洒，如病情严重，第一次用药后两到三天再用一次。

② 对生病对虾内服抗菌药物配制的饲料，配方是虾康宝 0.5%、鱼虾 5 号 0.1%、鱼虾病毒灵 2 号 1%、Vc 脂 0.2%，混合在饲料中即可，日投喂两次，连喂 5 天为一疗程。

三十、河蟹水肿病的诊断及防治

1. 病原病因

河蟹腹部受伤被病原菌寄生而引起。

2. 症状特征

病蟹肛门红肿、腹部、腹脐以及背壳下方肿大呈透明状，病蟹匍匐池边，活动迟钝或不动，拒食，最终在池边浅水处死亡。

3. 流行特点

① 夏、秋季为其主要流行季节。

② 主要流行温度是24～28℃。

4. 危害情况

① 主要危害幼、成蟹。

② 发病率虽不高，但受感染的蟹死亡率可达60%以上。

5. 预防措施

① 在养殖过程中，尤其是在河蟹蜕壳时，尽量减少对它们的惊扰，以免受伤。

② 夏季经常向蟹池添加新水，投放生石灰（每667米^{2}每次用10千克），连续3次。

③ 多投喂鲜活饲料和新鲜植物性饵料。

6. 治疗方法

① 用菌必清或芳草蟹平全池泼洒，同时内服鱼病康散或芳草菌灵。

② 饲料中添加含钙丰富的物质（如麦粉，贝壳粉），增加动物性饲料的比例（可捣碎甲壳动物的新鲜尸体，投入蟹池），一般3～5天后收到良好的效果。

三十一、河蟹颤抖病的诊断及防治

别名：抖抖病

1. 病原病因

该病可能由病毒和细菌引起，不洁、较肥、污染较大的水质以及河蟹种质混杂或近亲繁殖，放养密度过大，规格不整齐，河蟹营养摄取不均衡等，易发此病。

2. 症状特征

在发病初期，病蟹食欲减弱，摄食减少或基本不摄食，行动缓慢，活动能力差，白天贴泥栖息或打洞穴居，晚上在水边慢慢爬行或挺立草头；病症严重的河蟹在晚上用步足腾空支撑整个身躯趴在岸边或挺立在水草头上直至黎明，甚至白天也不肯下水，口吐泡沫，见了动静反应迟钝；步足无力，大部分河蟹步足爪尖呈红色，极易从底节处脱落，而且步足肌肉较软，弹性强，蟹农称之为“弹簧爪”；检查蟹体，可见蟹体基本洁净，身体枯黄，鳃丝颜色呈棕黄色，少部分伴随黑鳃、烂鳃等病灶，前肠一般有食，死蟹食量较少，大部分死蟹躯壳较硬，唯有前侧齿处呈粘连状、较软，在头胸甲与腹部连接处出现裂痕，无力蜕壳或蜕出部分蟹壳而死亡，少部分河蟹刚蜕壳后，甲壳尚未钙化时就死亡，一般并发纤毛虫、烂鳃、黑鳃、肠炎、肝坏死及腹水病。

3. 流行特点

① 该病流行季节长，通常在5～10月上旬，8～10月是发病高峰期。

② 流行水温为25～35℃。

③ 沿长江地区，特别是江苏、浙江等省流行严重。

4. 危害情况

① 病蟹死亡率高、对药物敏感性高。

② 主要危害2龄幼蟹和成蟹，当年养成的蟹一般发病率较低。

③ 发病蟹体重为3～120克，100克以上的蟹发病最高。

④ 一般发病率可达30%以上，死亡率达80%～100%。

⑤ 从发病到死亡往往只需3～4天。

5. 预防措施

① 苗种预防，切断传染源。蟹农在购买苗种时，既不要在病害重灾区购买大眼幼体、扣蟹，也不要在作坊式的小型生产场家购苗；养殖户要尽量购买适合本地养殖的蟹种，最好自培自育一龄扣蟹，放养的蟹种应选择肢体健壮、活动能力强、不带病原体及寄生虫的蟹种；同一水体中最好一次性放足同一规格同一来源的蟹种，杜绝多品种、多规格、多渠道的蟹

种混养，以减少相互感染的概率；蟹种入池时要严格消毒，可用3%～5%的食盐水溶液消毒5分钟或浓度为15×10^{-6}的福尔马林溶液浸洗15分钟。

② 将养蟹的池塘进行技术改造，使进排水实现两套渠道，互不混杂，确保水质清新无污染；每年成蟹捕捞结束后，清除淤泥，并用生石灰彻底清塘消毒，用量为100千克/667米^2，化水后趁热全池泼洒，以杀灭野杂鱼、细菌、病毒、寄生虫及其卵茧，并充分曝晒池底，促进池底的有机物矿化分解，改良池塘底质，也可提供钙离子，促进河蟹顺利蜕壳，快速生长。

③ 池塘需移植较多的水生植物如苦草、菹草、柞草、水花生、水葫芦、紫背浮萍等。

④ 积极推行生态养蟹措施，推广稻田养蟹、茭白养蟹、莲田养蟹、种草养蟹的技术，营造适应河蟹生长的生态因子，利用生物间相互作用预防蟹病；在精养池塘内推行鱼蟹混养、鱼蟹轮养、鱼虾蟹综合养殖技术，合理放养密度，适当降低河蟹产量，以减轻池塘的生物负载力，减少河蟹自身对其生存环境的影响和破坏；适度套养滤食性鱼类如花白鲢和异育银鲫，以清除残饵，净化水质。

⑤ 在精养池中投放一定量的光合细菌，使其在池塘中充分生长并形成优势种群。光合细菌可以促进分解、矿化有机废物，降低水体中$H^{2}S$、NH^{3}等有害物质的浓度，澄清水质，保持水体清新鲜嫩；光合细菌还能有效地促进有益微生物的生长发育，利用生物间的拮抗作用来抑制病原微生物的生长发育而达到预防蟹病的效果。

⑥ 饲料生产场家在生产优质、高效、全价的配合饲料时，不但要合理营养配比，而且要科学组方营养元素，并根据河蟹不同生长阶段、各种水体的养殖模式、水域的环境而采取不同的微量元素添加方法，满足河蟹生长过程中对各种营养元素和各种微量元素的需求，确保在饲料上能起到增强体质、提高抗病免疫能力的作用；在投饲时要注意保证饲料新鲜适口，不投腐败变质饲料，并及时清除残饵，减少饲料溶失对水体的污染；合理投喂，正确掌握“四定”和“四看”的投饲技术，充分满足河蟹各生长阶段的营养需求，增强机体免疫力。

6. 治疗方法

① 定期用芳草蟹平或菌必清全池泼洒消毒。

② 外用芳草蟹平全池泼洒，连用三天，同时内服芳草菌威和三黄粉，连用5～7天。病症消失后再用一个疗程，以巩固疗效。

③ 菌必清全池泼洒，隔天再用一次，同时内服芳草菌威和三黄粉，连用5～7天。病症消失后再用一个疗程，以巩固疗效。

三十二、斑点叉尾鮰传染性套肠病的诊断及防治

1. 病原病因

由嗜麦芽寡养单胞菌引起的急性致死性传染病。

2. 症状特征

自然发病初期病鱼表现为游动缓慢，靠边或离群独游，食欲减退或丧失，并很快发展为各鳍条边缘发白，鳍条基部、下颌及腹部充血，出血。随病程的发展病鱼腹部膨大，体表出现大小不等色素减退的圆形或椭圆形的褪色斑，大的褪色斑块直径3厘米，以后在褪色斑的基础上发生溃疡。小的溃疡灶直径0.3～0.5毫米，大的溃疡灶直径达3毫米，并很快着生水霉；部分鱼垂死时出现头向上，尾向下，垂直悬挂于水体中的特殊姿势，最后病鱼沉入水底死亡，当提拉网箱检查时才发现箱底沉有大量的死鱼。以发生严重的肠炎、肠套叠和脱肛为特征，在短时间内即可引起大量死亡，该病的致病病原和病理变化特征在水生动物疾病中是罕见的。

3. 流行特点

① 套肠症是近年来发生的一种新型细菌性传染病，最早发现于2004年3月下旬。

② 全国各养殖鮰鱼的地区都能发病。

③ 一般是每年的3月下旬或4月初开始发病，6～8月是流行高峰期。

④ 发病水温多在16℃以上。

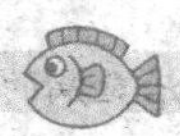

⑤ 网箱养殖更易流行和传染。

4. 危害情况

① 危害对象是斑点叉尾鮰，已经连续几年造成了斑点叉尾鮰大批发病死亡。

② 该病来势凶猛，具有发病突然，传染快，死亡率高等特点。

③ 在出现症状后的1～2天即发生大规模死亡，死亡率一般在90%以上，有的网箱几乎达100%死亡率。

④ 一旦发病后很难控制。

5. 预防措施

① 加强饲养管理，改善水体环境条件，科学饲喂，尤其是水质、气候突变的时候要注意防病，尽量减少低溶氧和恶劣的水环境等应激因子的刺激。

② 在饲料中添加病原菌敏感的药物投喂，预防该病的发生。

③ 免疫预防是本病最有效、最关键的预防措施。因此研制出有效的免疫疫苗将对该病的预防控制起着重要作用。上海水产大学的科研人员采用腹腔注射、浸泡和口服法对健康斑点叉尾鮰进行免疫接种，其中浸泡和口服法分别进行了加强免疫，实验证明使用过疫苗的鱼均获得了较高的保护率。

6. 治疗方法

① 选择二氧化氯、二氯海因、溴氯海因等消毒泼洒剂进行水体消毒，杀死水环境中的病原菌。

② 复方新诺明、洛美沙星、丁胺卡那、氧氟沙星和强力霉素等都是对病原菌很敏感的药物，若及时使用，一般在1～2个疗程即可控制该病。

三十三、斑点叉尾鮰肠道败血症的诊断及防治

1. 病原病因

斑点叉尾鮰爱德华菌感染。当放养密度过高、饲养池中有机物质和底

泥过多、饲养设施不适均可诱发该病。

2. 症状特征

初期发病鮰鱼身上有细小的红斑或充血的创伤，直径为3～5毫米，并深入到肌肉。肝脏或其他内脏器官也有类似的斑点，鳃丝惨白。有的病鱼皮肤上出现灰白色的斑点，但内脏无病变，患病的成鱼在损伤的肌肉内有恶臭的气味。病原也可感染脑部，此时病鱼常作环状游动，活动失常且不久死亡。死亡的病鱼明显与肾脏、肝功能衰弱有关。

3. 流行特点

① 发病多在春、秋季，夏季和冬季也偶有发生。

② 发病流行水温在22～28℃。

4. 危害情况

① 各种规格的鮰鱼均可受该菌感染。

② 病情发展快，可导致鮰鱼大量死亡。

③ 发病后期难以治疗。

5. 预防措施

① 从清除各种发病诱因入手，如清除饲养池塘淤泥，彻底消毒，控制放养密度、防止鱼体受伤等。

② 在发病季节，要定期用稳定性二氧化氯（浓度为0.3毫克/升）强氯精（用药浓度0.4毫克/升）或漂白粉（浓度为1毫克/升）全池泼洒，以消灭由带菌鱼体释放到水体中的致病菌。

6. 治疗方法

① 2～3毫克/升高锰酸钾全池泼洒。

② 每100千克饲料拌180克土霉素，做成药饵投喂10～14天。

③ 每100千克鱼体重用8.8克氟哌酸混入干饲料，投喂10～14天。

④ 每吨饲料中添加氟苯尼考0.5千克、土霉素1.5千克，连喂一个月。

⑤ 按每 60 毫克/千克鱼体的用药量，在饲料中添加盐酸土霉素，或者按 30 克/千克鱼体重的用药量，在饲料中添加烟酸诺氟沙星，制作成药饵投喂，连续投喂 5～7 天为 1 个疗程。

三十四、龟鳖烂趾病的诊断及防治

1. 病原病因

细菌感染导致。在龟鳖爪受伤后更易发病。

2. 症状特征

皮肤发生溃烂、溃疡，病灶边缘肿胀，继发感染，引起爪糜烂脱落。

3. 流行特点

① 夏季为主要流行期。
② 温室养殖时，一年四季均能发病。

4. 危害情况

① 烂趾后，很难在短期内长出新趾。
② 影响观赏龟的美观。
③ 陆栖龟比水栖龟更容易受感染。

5. 预防措施

做好消毒防病工作。平时在饲料中注意添加能增强免疫力的维生素 E、维生素 C、维生素 B_5、维生素 B_6 和维生素 B_{12} 等。

6. 治疗方法

① 用氟哌酸治疗。浸洗：浓度为 3 毫克/升；泼洒：浓度为 0.3 毫克/升；口服：治疗用量 8～12 克/100 千克龟，每天 1 次，连续 6～12 天。

② 注射庆大霉素 0.2 毫升或注射青霉素 1 万单位，连续注射 3 天可愈。

③ 用干布擦干患部，清除腐烂皮肤，用碘酒消毒后，外抹土霉素软

膏，每天坚持涂抹2次，然后干放饲养。

三十五、龟肿眼病的诊断及防治

1. 病原病因

由绿脓杆菌感染导致。在水质碱性过大、水温变化过大、营养不良或局部受伤时更易发生此病。

2. 症状特征

病龟眼部发炎充血，眼睛肿大。眼角膜和鼻黏膜因炎症而糜烂。眼球外部被白色分泌物掩盖，无法睁开。

3. 流行特点

一年四季均可发生。

4. 危害情况

主要危害乌龟、巴西龟、黄喉拟水龟等龟。

5. 预防措施

① 加强管理，越冬前和越冬后，经常投喂动物内脏，加强营养，增强抗病能力。

② 用10%的食盐水浸泡养龟器皿，消毒30分钟。

6. 治疗方法

① 药物治疗时可用链霉素腹腔注射，每千克龟体重腹腔注射20万单位，如果病龟是在越冬期间，已停止进食，每只龟应加用5%的葡萄糖溶液与链霉素一起注射。

② 对病症轻（眼尚能睁开）的龟，可用二氧化氯或三氯异氰脲酸溶液浸泡，溶液浓度为30毫克/升，浸泡40分钟，连续5天。对于病症严重（眼无法睁开）的龟，先将眼内白色物及坏死表皮清除，然后将病龟浸入有维生素B、土霉素药液的溶液中，每500克水中放0.5片土霉素、2

片维生素B。

③ 溴氯海因1.5～2.0毫克/升全池遍洒治疗。

三十六、龟摩根变形杆菌病的诊断及防治

1. 病原病因

摩根变形杆菌感染导致。投喂腐烂变质饵料引起水体恶化是主要诱因。

2. 症状特征

龟鼻孔和口腔中有大量的白色透明泡沫样黏液，后期流出黄色黏稠状液体。龟的头部经常伸出体外，爬动不安。

3. 流行特点

在龟的主要生长季节都能发病。

4. 危害情况

① 对所有的龟都有传染。

② 如果治疗不及时，可引发暴发性传染，甚至导致龟大规模死亡。

5. 预防措施

① 操作要细心，避免龟体损伤，引起病菌感染。

② 投喂饵料要清洁，营养要丰富。

6. 治疗方法

① 隔离饲养，肌注卡那霉素、甲砜霉素、链霉素。每天1次，连续3天。

② 用4%的食盐水加4毫克/升的苏打水混合溶液对容器和病龟消毒。

③ 用20毫克/升的漂白粉对龟池进行消毒。

三十七、牛蛙脑膜炎的诊断及防治

1. 病原病因

受脑膜败血黄杆菌感染。

2. 症状特征

病蛙肤色发黑，厌食，脖子歪斜朝向一边，身体失去平衡，在水中流动时表现为腹部朝上并打转。

3. 流行特点

① 发病时间一般在 7～10 月份。

② 发病的水温在 20℃以上。

4. 危害情况

① 主要危害 100 克以上的大蛙。

② 传染性很强，死亡率在 30%左右。

③ 从发病到死亡的时间因水温高低而不同，一般 4～7 天，温度低于 22℃时则可延长到 10 天以上。

5. 预防措施

① 牛蛙在放养前应对蛙池作彻底的清塘消毒。

② 在养殖过程中应加管理，定期换水。

6. 治疗方法

① 在饲料中拌入“蛙病宁Ⅱ号”药物。

② SMZ、蛙病宁等药物对该病也有一定的疗效。

三十八、泥鳅红鳍病的诊断及防治

别名：腐鳍病

1. 病原病因

由细菌引起。当池水恶化、营养不当及鱼体受伤时，更易发生。

2. 症状特征

泥鳅被感染后，病鱼的体表、鳍、腹部及肛门等处有充血发红症状并溃烂，有些则呈现出血斑点、肌肉溃烂、鳍条腐蚀等现象，不摄食，直至死亡。

3. 流行特点

此病易在夏季流行。

4. 危害情况

对泥鳅危害大、发病率高，可导致死亡。

5. 预防措施

① 苗种放养前用4%的食盐水浴洗消毒。

② 避免鱼体受伤，鱼苗放池前应用5毫克/升的二氯异氰脲酸钠溶液浸泡15分钟。

6. 治疗方法

① 用每毫升含10～15微克的土霉素或金霉素溶液浸洗10～15分钟，每天1次，1～2天即可见效。

② 用1毫克/升漂白粉全池泼洒。

③ 病鱼可用10毫克/升四环素浸洗一昼夜。

④ 按饲料重0.3%中拌入“氟苯尼考”进行投喂5～7天。

⑤ 用10～20毫克/升的二氧化氯或土霉素或金霉素浸泡病鱼10～20分钟，有良好疗效。

⑥ 病鳅用3%食盐水溶液浸泡10分钟。

三十九、鳗鲡赤鳍病的诊断及防治

1. 病原病因

由单胞杆菌等侵入鳗体引起。

2. 症状特征

鳗鱼得此病后，胸鳍、腹鳍、肛门充血变红，严重的下颌，腹部皮肤具点状出血，有时下颚亦具出血点，常伴有臀鳍充血症状。病鱼在水面无力游动，或于池边缓游，有的头部向下，尾部向上垂直于池中左右摆动。

3. 流行特点

在水温 20℃左右易发病。

4. 危害情况

① 此病主要发生在尾重 100 克以上大鳗身上。

② 易造成大批死亡。

5. 预防措施

① 冬季干池一次，每 667 米^2 用漂白粉 20 千克彻底消毒。2 天后排水，在日光下暴晒一周。

② 鳗鱼下池前用 10～20 毫克/升三氯异氰脲酸浸洗 30 分钟至 1 小时。

③ 全池泼洒含氯消毒剂，使池水成 0.2～0.3 毫克/升浓度，每天泼洒 1 次，连续泼洒 2～3 天。

④ 用 3～5 毫克/升的二氧化氯加 30～50 毫克/升的福尔马林全池泼洒，连续泼洒 2 天。

6. 治疗方法

① 给病鳗注射青霉素 G 钾，每尾 2000～4000 国际单位，效果较好，10 多天后治愈。

② 病鳗尚能摄食时，每 100 千克鳗鱼，每日用磺胺剂 10～20 克，或抗生素纯粉 1～2 克；或呋喃剂纯粉 0.4～0.5 克，制成药饵投喂，给药 7～10 天可治愈。

③ 鳗鱼不吃食时，每立方米水体用二氧化氯 10～20 克的药液，浸洗病鱼 1～3 小时。

④ 每 20 千克饲料添加鳗康达Ⅱ号 35～75 克，连喂 5～7 天为一疗程；或喂服抗生素，每 100 千克鳗鲡重用氟苯尼考 2～5 克，拌饲投喂，

连喂 5～7 天；或用四环素 3～6 克拌饲投喂，连喂 5～7 天。

四十、鳗鲡鳃肾病的诊断及防治

1. 病原病因

细菌感染造成。

2. 症状特征

病鳗外表无明显症状，整个身体较硬直，胸鳍下面到肛门之间的腹部较瘪，鳃丝肥厚，严重的相互愈合，致使鳃瓣呈棒状，最终症状是脱水，血液浓度变高，身体含盐量降低。

3. 流行特点

① 6～7 月间为发病传染期。
② 此病发生在鳗种身上较多。

4. 危害情况

死亡率高 95%以上。

5. 预防措施

夏季喂养鳗鱼的饲料中，应保持有 1%的盐分，以预防此病。

6. 治疗方法

① 向有病鱼的池水中注入海水或加盐，使池水含盐量达 0.5%～0.7%，这是目前有效的办法。
② 用 0.5%～0.8%的食盐水药浴 10 分钟。
③ 换水以改良水质，投喂磺胺剂、抗生素。

四十一、月鳢烂肉病的诊断及防治

1. 病原病因

一种细菌感染。在月鳢体表受伤后、放养密度过高、水质恶化或水温

变化大等不良环境下更易发生。

2. 症状特征

可见月鳢体表、尾部、上下颌的受伤部位出现斑块状充血，鳞片脱落，以后真皮组织逐渐发生溃烂。尾部及体表到皮肤发生糜烂，组织坏死、变白或变黄；当进一步恶化时，可烂到肌肉或骨骼，尾部烂掉，肌肉、骨骼脱落，直至烂到内脏而死。

3. 流行特点

① 主要发生于秋冬季，春季少有发生。

② 此病易见于体长 4 厘米以上的鱼种及成鱼。

4. 危害情况

① 发病后自身传染性不大，但交叉感染却比较严重。

② 此病传染快，若不及时治疗，死亡率在 50%以上。

5. 预防措施

① 尽量减少转塘，减少鱼体受伤。

② 在高温季节，控制放养密度，防止鱼体受伤。

③ 保持良好的养殖水环境，定期对水质进行处理（漂白粉 1 毫克/升，生石灰 20 毫克/升）。

6. 治疗方法

① 发现鱼病时，可把鱼集中于池一角，以塑料薄膜隔出一小水体，以浓度为 1 毫克/升浓度的磺胺药物或抗生素溶液浸洗病鱼，起到一定治疗作用。

② 全池泼洒二氧化氯，使池水中药物浓度为 0.5～1 毫克/升，同时结合土霉素拌饵投喂，每千克饲料中添加土霉素 2.5～5 克。连续 3～7 天。

③ 用浓度为 2 毫克/升的福尔马林，0.05 毫克/升的百毒净全池泼洒。

④ 把病鱼集中，用韭菜捣碎兑水后再加 4%食盐浸泡病鱼，可起到控制病情和治疗作用。

⑤ 在外伤不多的情况下，可用高锰酸钾饱和液与食盐饱和液混合液，加入少量强氯精，涂抹患处，放置 3 分钟再放回原池，大约 10 天左右可治愈。

⑥ 每 667 米^2 水面每米水深用 1.3～1.5 千克五倍子粉末全池泼洒。

第三节　原生动物性疾病

一、淡水小瓜虫病的诊断及防治

别名：白点病。

1. 病原病因

病原体为多子小瓜虫侵入鱼体所致（图 4-1 多子小瓜虫）。

2. 症状特征

患病初期，胸鳍、背鳍、尾鳍和体表皮肤均有大量小瓜虫密集寄生时形成白点状囊泡，严重时全身皮肤和鳍条布满着白点和盖着白色的黏液。后期体表如同覆盖一层白色薄膜，黏液增多，体色暗淡无光。病鱼身体瘦弱，聚集在鱼缸的角上、水草、石块上互相挤擦，鳍条破裂，鳃组织被破坏，食欲减退，常呆滞状漂浮在水面不动或缓慢游动，终因呼吸困难死亡。

图 4-1　多子小瓜虫（仿倪达书）

3. 流行特点

① 鱼在一年四季都可感染，但有明显的季节性，3～5 月、11～12 月为流行盛期。

② 水温 15～20℃最适宜小爪虫繁殖，水温上升到 28℃或下降到 10℃以下，促使产生在鱼体表面的孢子快速成熟，加速其生长速度，使他们自鱼体表面脱落后，不再流行。

4. 危害情况

① 是鱼常见病、多发病。

② 传染速度很快。

③ 各种鱼从鱼苗到成鱼都会患病而大量死亡。

5. 预防措施

① 在放鱼前用生石灰彻底清塘。

② 提高水温至 28℃以上，并及时更换新水，保持水温。

③ 加强饲养管理，增强鱼体免疫力。

④ 对已发过病的水泥池、池塘先要洗刷干净，再用 5%食盐水浸泡 1～2 天，以杀灭小瓜虫及其孢囊，并用清水冲洗后再养鱼。

6. 治疗方法

① 用福尔马林 2 毫克/升浸洗鱼体，水温 15℃以下时浸洗 2 小时；水温 15℃以上时，浸洗 1.5～2 小时，浸洗后在清水中饲养 1～2 小时，使死掉的虫体和黏液脱落。

② 用冰醋酸 167 毫克/升浸洗鱼体，水温在 17～22℃时，浸洗 15 分钟。相隔 3 天再浸洗一次，3 次为一疗程。

③ 用 0.01 毫克/升的甲苯咪唑浸洗 2 小时，6 天后重复一次，浸洗后在清水中饲养 1 小时。

④ 用 200～250 毫克/升的福尔马林和 0.02 毫克/升的左旋咪唑合剂浸洗 1 小时，6 天后重复一次，浸洗后在清水中饲养 1 小时。

⑤ 用 2 毫克/升的甲基蓝溶液浸泡病鱼，每天浸泡 6 小时。

⑥ 按每 667 米^2 每米水深，用辣椒粉 250 克，干姜片 100 克，混合加水煮沸，全池泼洒。

⑦ 用土荆芥 30%，苦楝叶 40%，野芋叶 20%，紫花曼陀罗 10%，混合煎汁至原药量的 2 倍，给病鱼浸洗。

⑧ 每 667 米^2 每米水深，用青木香 1 千克，海金沙 1 千克，芒硝 1 千克，白

芍 0.25 千克和归尾 0.25 千克，煎水加大粪 7.5 千克泼洒，可预防此病。

二、海水小瓜虫病的诊断及防治

别名：刺激隐核虫病、白点病。

1. 病原病因

刺激隐核虫寄生感染导致疾病（图 4-2 海水小瓜虫）。

2. 症状特征

刺激隐核虫寄生在鱼的体表、头、鳃、鳍、皮肤、口腔等处，大量寄生时鳃部黏液增多，体表布满了小白点，形成一层白色薄膜，食欲不振，游泳无力，呼吸困难，最终窒息而死。

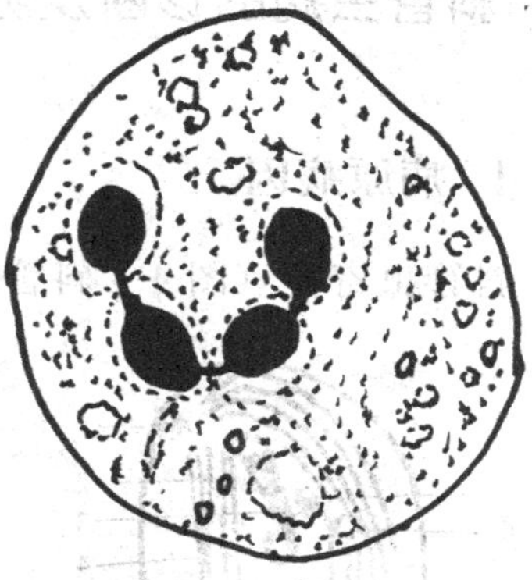

图 4-2 海水小瓜虫（仿 Nigrelli 等）

3. 流行特点

① 传染快。

② 水温 20～26℃常见此病。

4. 危害情况

① 是海水鱼养殖中最常见的疾病。

② 死亡率高，3～5 天可造成 80％的损失。

5. 预防措施

① 在放鱼前用生石灰彻底清塘。

② 对已发过病的池塘先要洗刷干净，再用 5％食盐水浸泡 1～2 天，以杀灭小瓜虫及其孢囊，并用清水冲洗后再养鱼。

③ 加强饲养管理，增强鱼体免疫力。

6. 治疗方法

① 用淡水将患病鱼浸泡 10～15 分钟，利用不同盐度的刺激，将海水

小瓜虫从鱼体上去除。

② 硫酸铜与硫酸亚铁（5∶2）10 毫克/升，在淡水中浸泡 10～20 分钟。

③ 配合投喂抗生素，也可用氟哌酸 50 毫克/千克鱼或土霉素 100 毫克/千克鱼，连续投喂 2～4 天。

④ 用 250 毫克/升福尔马林洗浴 1 小时，每天一次，连续 3 天，以后隔天 1 次，共药浴 5～7 次。

三、斜管虫病的诊断及防治

1. 病原病因

斜管虫寄生（图 4-3 斜管虫）。

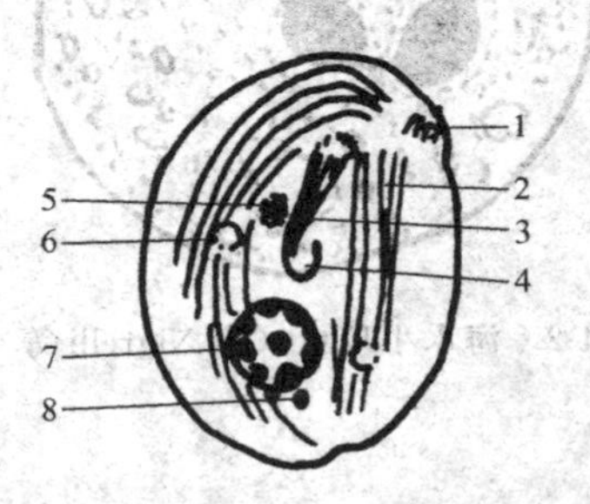

图 4-3 斜管虫模式图（仿陈启鎏）

1—刚毛；2—纤毛线；3—口管；4—胞咽；5—食物粒；6—伸缩泡；7—大核；8—小核

2. 症状特征

斜管虫寄生于鱼的皮肤和鳃，使局部分泌物增多，逐渐形成白色雾膜，严重时遍及全身。病鱼消瘦，鳍萎缩不能充分舒展，呼吸困难，呈浮头状，食欲减退，漂游于水面或池边，随之发生死亡。

3. 流行特点

① 全国各地都有分布。

② 流行季节为初冬和春季。当水温在 12～23℃等条件适宜的情况下，斜管虫会大量繁殖，在鱼池水温 25℃以上时，通常不会发生此病。

4. 危害情况

此病对苗种危害严重。

5. 预防措施

① 加强饲养管理，保持良好水质，越冬前应将鱼体上的病原体杀灭，

再进行育肥。

② 尽量缩短越冬期的停食时间，开食时要投喂营养丰富的饵料。

③ 池塘在放鱼前 10 天用适量生石灰彻底清塘消毒。

④ 在鱼种放养前，用 8 毫克/升硫酸铜洗浴鱼种 20～30 分钟或用3%～4%硫酸铜或硫酸铜和硫酸亚铁合剂（二者之比为 5∶2）全池泼洒。

6. 治疗方法

① 用 2%～5%食盐水浸洗 5～15 分钟。

② 用 20 毫克/升高锰酸钾浸洗病鱼，水温 10～20℃时，20～30 分钟；20～25℃时，浸洗 15～30 分钟。

③ 水温在 10℃以下时，全池泼洒硫酸铜及硫酸亚铁合剂（5∶2），使药物在池水中成 0.6～0.7 毫克/升的浓度。

④ 用药物浓度为 2 毫克/升的福尔马林溶液浸洗病鱼，水温 15℃以下时，浸洗 2～2.5 小时；15℃以上时，浸洗 1.5～2 小时。将浸洗后的鱼体在清水中饲养 1～2 小时，使死掉的虫体和黏液脱掉后，再放回饲养池饲养。

四、四钩虫病的诊断及防治

1. 病原病因

四钩虫寄生而引起的疾病。

2. 症状特征

四钩虫寄生于鱼鳃，初期病症不明显，后期鱼鳃部稍有肿胀，鳃丝灰暗或苍白。病鱼不安，呼吸困难，食欲不振，贫血消瘦。有时急剧侧游，在水草丛中或缸边摩擦。

3. 流行特点

四钩虫适宜生长水温为 25～30℃，多在夏、秋季节流行。

4. 危害情况

① 主要危害淡水鱼苗、鱼种。

② 对部分海水鱼也感染。

③ 易导致幼鱼大量死亡。

5. 预防措施

① 鱼池每 667 米^2 每米水深，用生石灰 60 千克，带水清塘。

② 鱼种放养时，用 1 毫克/升晶体敌百虫浸洗 20～30 分钟。

6. 治疗方法

① 晶体敌百虫 0.5～1 毫克/升，全池泼洒。

② 高锰酸钾 20 毫克/升，在水温 10～20℃时浸洗 20～30 分钟，20～25℃浸洗 15 分钟，25℃以上浸洗 10～15 分钟。

五、车轮虫病的诊断及防治

1. 病原病因

车轮虫寄生（图 4-4 车轮虫）。

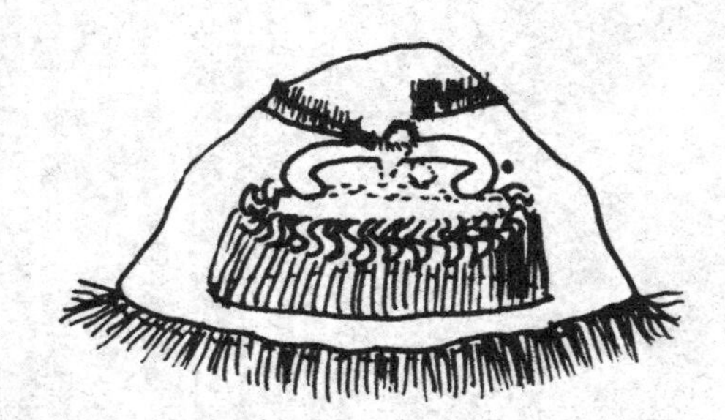

图 4-4 车轮虫模式图（仿陈启鎏）

2. 症状特征

车轮虫主要寄生于鱼鳃、体表、鱼鳍或者头部。大量寄生时，鱼体密集处出现一层白色物质，虫体以附着盘附着在鱼体上，不断转动，虫体的齿钩能使鳃上皮组织脱落、增生、黏液分泌增多，鳃丝颜色变淡、不完整，病鱼体发暗，消瘦，失去光泽，食欲不振，甚至停食，游动缓慢或失去平衡，常浮于水面。

3. 流行特点

① 每年 5～8 月为流行季节。

② 水温在 25℃以上时车轮虫大量繁殖。

③ 在全国各地都有流行。

④ 该病通常能与其他寄生虫一起形成并发症。

4. 危害情况

① 主要危害鱼苗鱼种。

② 车轮虫寄生数量多时，可导致鱼死亡。

5. 防治措施

① 合理施肥，放养前用生石灰清塘。

② 用 1 毫克/升 $CuSO_4$ 浸泡病鱼 30 分钟，水温降至 1℃时，浓度增加至 8 毫克/升。

6. 治疗方法

① 用 25 毫克/升福尔马林药浴处理病鱼 15～20 分钟或福尔马林 15～20 毫克/升全池泼洒。

② 每亩水深 0.8 米，用枫树叶 15 千克浸泡于饲料台下。

③ 8 毫克/升硫酸铜浸洗 20～30 分钟，或 1%～2%食盐水，浸洗 2～10 分钟。

④ 0.5 毫克/升硫酸铜、0.2 毫克/升硫酸亚铁合剂，全池泼洒。

⑤ 可用苦楝树枝叶按每 667 米^2 池塘每米水深用 60 斤煮汁全池泼洒来治疗。

⑥ 每 667 米^2 每米水深，用苦楝树枝叶 30 千克，煮水全池泼洒。

⑦ 每 667 米^2 每米水深，用枫杨树叶 30 千克，煮水全池泼洒

⑧ 每立方米水体使用 3 千克桉树叶煮汁，给鱼苗浸洗半小时。

六、锥体虫病的诊断及防治

别名：昏睡病。

1. 病原病因

由锥体虫寄生而引起的鱼病。

2. 症状特征

病鱼身体瘦弱，严重感染时有贫血现象，但不会引起大批死亡。

3. 流行特点

① 一年四季均有发现，尤以夏、秋两季较普遍。

② 饲养水体中的尺蠖鱼蛭等蛭类是锥体虫病的媒介生物，因此，锥体虫病的发生与否，与水体中有无蛭类密切相关。

4. 危害情况

影响鱼的生长发育，只有个别严重者会死亡。

5. 预防措施

杀灭水蛭，水蛭是锥体虫的传播媒介，用生石灰或漂白粉清塘消毒，可用盐水或硫酸铜浸洗，也可用敌百虫毒杀水蛭。

6. 治疗方法

目前尚未开发专门的药物来治疗，多以预防为主。

七、隐鞭虫病的诊断及防治

1. 病原病因

由于鳃隐鞭虫和颤动隐鞭虫的寄生而引起（图 4-5 鳃隐鞭虫）。

图 4-5 鳃隐鞭虫
（仿陈启鎏）

2. 症状特征

隐鞭虫寄生在鱼的皮肤和鳃上，导致鳃部呼吸不畅，鱼体常上下翻滚。当鱼体受到严重感染时，可在数天内出现大批死亡。

3. 流行特点

① 主要流行于每年的 5～10 月，尤其是以 7～9 月为严重。

② 隐鞭虫离开寄主后，可以在水中自由生活 1～2 天，然后就从一尾鱼转移到另一尾鱼上。

4. 危害情况

① 主要危害鱼苗，大量寄生时可引起死亡。

② 感染率及感染强度均很高。

5. 预防措施

① 对饲养池用生石灰或漂白粉进行消毒。

② 加强饲养管理，保持水质清新，提高鱼体抵抗力。

③ 每 667 米^2 每米水深用苦楝树枝叶 26～38 千克，分成几捆沤水或用打浆机打成浆，全塘泼洒，可预防在流行季节此病的发生。

6. 治疗方法

① 寄生在鳃及皮肤上的隐鞭虫，可以泼洒硫酸铜或硫酸铜与硫酸亚铁合剂（5∶2），使饲养水中的药物浓度达到 0.7 毫克/升。

② 鱼种放养前用 8～10 毫克/升浓度的硫酸铜或者硫酸铜与硫酸亚铁合剂浸泡鱼体 30 分钟。

③ 用 10～20 毫克/升浓度的高锰酸钾水溶液浸泡鱼体 10～30 分钟。

④ 可用 2%～4%食盐水浸泡鱼体 2～15 分钟。

⑤ 用 3%食盐水浸洗鱼体 5 分钟。

八、鱼波豆虫病的诊断及防治

别名：口丝虫病。

1. 病原病因

由飘游鱼波豆虫引起的鱼病（图 4-6 鱼波豆虫）。

2. 症状特征

皮肤上形成一层乳白色或蓝色黏液，被鱼波豆虫穿透的表皮细胞坏死，细菌和水霉菌容易侵入，引起溃疡。感染的鳃小片上皮细胞坏死、脱落，使鳃器官丧失了正常功能，呼吸困难。病鱼丧失食欲，游泳迟钝，鳍条折叠，漂浮水面，不久即死亡。

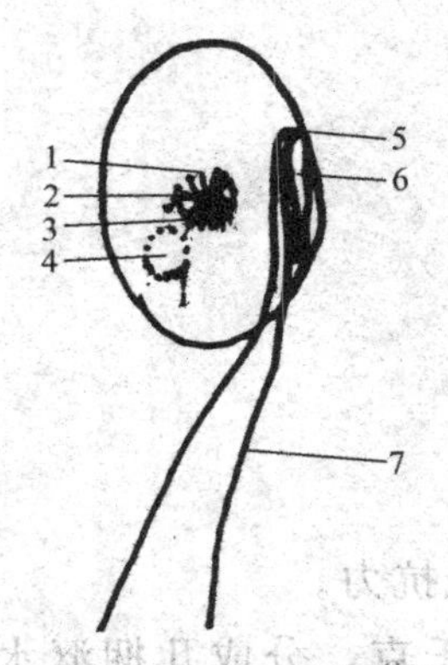

图 4-6 鱼波豆虫模式图
（仿陈启鎏）
1—染色质粒；2—核内体；
3—胞核；4—伸缩泡；
5—生毛体；6—鞭毛沟；
7—后鞭毛

3. 流行特点

① 此病在全国各地均有发现。

② 多半出现在面积小、水质较脏的池塘中。

③ 所有的鱼都可感染。

④ 主要流行季节为冬末至初夏。

4. 危害情况

① 主要危害幼鱼，可在数天内突然大批死亡。

② 对鱼的生长发育有一定影响，尤其是患病的亲鱼，可把病传给同池孵化的鱼苗。

③ 在越冬后，如果饵料营养缺乏，患病后的鱼极易死亡。

5. 预防措施

① 放养的鱼种健壮、无伤。

② 鱼种放养前用 10～20 毫克/升高锰酸钾液药浴 10～30 分钟。

③ 每 100 米^2 水面放楝树或枫杨树新鲜枝叶小捆 2.5～3 千克沤水，隔天翻一下，每隔 7～10 天换一次新鲜枝叶。

④ 每 667 米^2 每米水深用苦楝树枝叶 26～38 千克，分成几捆沤水或用打浆机打成浆，全塘泼洒。

6. 治疗方法

① 用浓度为 2%～4%的食盐水溶液浸洗鱼体 5～15 分钟。

② 病鱼池每立方米水体用 0.7 克硫酸铜与硫酸亚铁（5：2）合剂全池遍洒。

③ 患病后，将水温迅速提升至 20～30℃，可有效地防治该病的进一步蔓延。

④ 可用磺胺类药物拌饲料投喂，用量为 100～200 毫克/千克，连喂 3～7 天。

⑤ 泼洒或浸洗 200 毫克/升的福尔马林及新洁而灭，浸洗时间为 20～

30 分钟。隐鞭毛虫、鱼波豆虫病的治疗。

⑥ 用 3%食盐水浸洗鱼体 5 分钟。

九、黏孢子虫病的诊断及防治

1. 病原病因

由中华黏体虫、鳃丝球孢虫等孢子虫类病原引起，孢子虫营寄生生活，通过接触感染（图 4-7）。

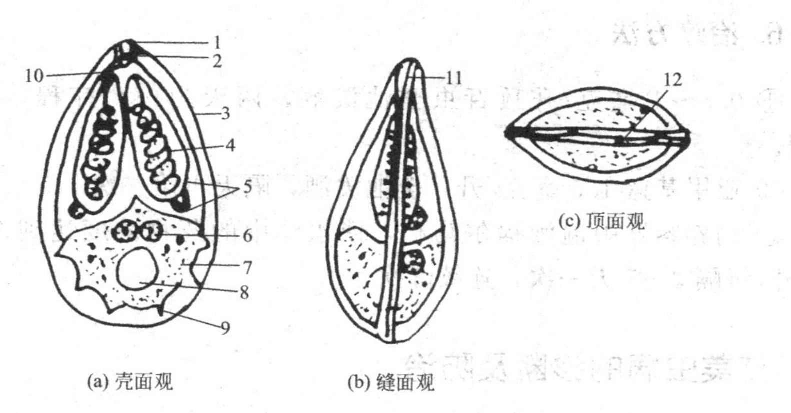

图 4-7 黏孢子虫孢子的构造（仿《湖北省鱼病病原区系图志》）

1—前端；2—极囊孔；3—孢壳；4—极丝；5—极囊和极囊核；6—胚核；7—胞质；8—嗜碘泡；9—后褶皱；10—囊间突；11—缝线与缝脊；12—极丝的出孔

2. 症状特征

鱼体的体表、鳃、肠道、胆囊等器官能形成肉眼可见的大白色孢囊，使鱼生长缓慢或死亡。严重感染时，胆囊膨大而充血，胆管发炎，孢子阻塞胆管。鱼体色发黑，身体瘦弱。

3. 流行特点

① 黏孢子虫病的发生没有明显的季节性，常年均可出现。

② 在我国各地都有发生。

4. 危害情况

所有的鱼均可感染。

5. 预防措施

① 用生石灰彻底清塘，125 千克/亩。
② 放养前用 500 毫克/升的高锰酸钾浸洗 30 分钟。
③ 发现病鱼应及时清除，并深埋于远离水源的地方。
④ 加强饲养管理，增强鱼体抵抗力。

6. 治疗方法

① 0.5～1 毫克/升敌百虫全池泼洒，两天为一个疗程，连用两个疗程。

② 亚甲基蓝 1.5 毫克/升，全池泼洒，隔天再泼一次。

③ 饲养容器中遍洒福尔马林，使水体中的药物浓度达到 30～40 毫克/升,每隔 3～5 天一次，连续 3 次。

十、艾美虫病的诊断及防治

别名：球虫病。

1. 病原病因

艾美虫寄生感染导致（图 4-8 艾美虫）。

2. 症状特征

少量寄生时，对鱼体没有明显的症状；当寄生数量较大时，可引起病鱼体表发黑、贫血消瘦、食欲减退、游动缓慢，腹部膨大。如果寄生的数量继续增大时，可能会导致病鱼死亡。剖开鱼腹时，肉眼可见肠壁上有许多白色的小结节，就是寄生的艾美虫。

3. 流行特点

① 欧洲和新西兰经常发病流行。

② 我国的江苏、浙江、辽宁等地流行。

③ 在我国流行的季节主要在夏季。

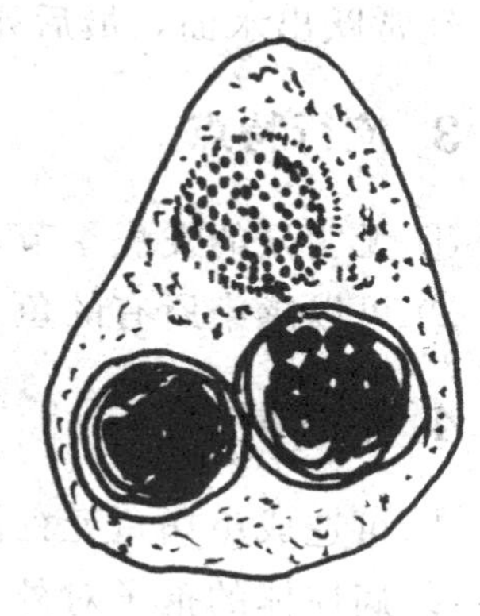

图 4-8 艾美虫（仿陈启鎏）

4. 危害情况

① 在我国主要危害青鱼和鳙鱼。

② 欧洲主要危害鲤鱼，新西兰主要危害鳗鲡。

③ 海水鱼也能感染，沙丁鱼、油鲱、鳕鱼和黑线鳕都能发病。

④ 可引起 1 足龄的青鱼和鳙鱼大量死亡。

5. 预防措施

① 采用生石灰清塘，能杀灭淤泥中艾美虫的孢子、配子和裂殖子，对控制此病有一定效果。

② 在放养鱼种之前，采用 400 毫升/升高锰酸钾浸洗 20 分钟。

③ 利用艾美虫对寄主有选择性的特点，可以通过采取轮养的办法来预防此病的发生。

6. 治疗方法

① 每 100 千克鱼用硫黄粉 100 克，制成颗粒药饵投喂，日投喂 1～2 次，连喂 5 天。

② 每 100 千克鱼用碘 2.5 克，制成颗粒药饵投喂，日投喂 1～2 次，连喂 5 天。

十一、单极虫病的诊断及防治

1. 病原病因

由于单极虫的寄生而引起。

2. 症状特征

病鱼极度消瘦，头大尾小，体色暗淡无光泽。病鱼离群独自急游打转，经常跃出水面，最后死亡。

3. 流行特点

① 无明显的发病季节，但是以冬、春两季较为普遍。

② 可以感染所有的鱼。

4. 危害情况

① 可造成患病鱼死亡。

② 病原体的孢子对外界不良条件具有很强的抵抗能力，对控制鱼病造成一定困难。

5. 预防措施

① 采用生石灰清塘，能杀灭淤泥中的孢子，对控制此病有一定效果。

② 在放养鱼种之前，采用 500 毫升/升高锰酸钾浸洗 30 分钟，能杀灭 60%～70%的孢子。

6. 治疗方法

① 用 90%的晶体敌百虫全池泼洒，浓度为 1 毫克/升，3 天为一个疗程，连用 2～3 个疗程。

② 饲养容器中遍洒福尔马林，使水体中的药物浓度达到 30～40 毫克/升，每隔 3～5 天一次，连续 3 次。

十二、绦虫病的诊断及防治

1. 病原病因

由于舌状绦虫和双线绦虫的寄生而引起（图 4-9 绦虫）。

2. 症状特征

病鱼腹部膨大，严重时，鱼常在水面侧着身子或腹部向上，缓慢游动，身体消瘦，剖开鱼腹可以看到体腔内充满白色面条状虫体，鱼体极度消瘦，失去生殖能力，甚至死亡。有时虫体还可以钻破鱼腹。

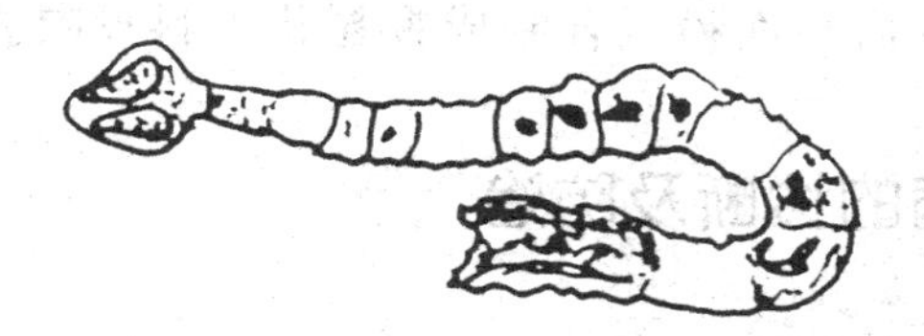

图 4-9　绦虫

3. 流行特点

① 全年均可以发生。

② 可以感染所有的鱼。

4. 危害情况

虫体寄生后不仅严重影响鱼体的生长和繁殖，严重时还能引起死亡。

5. 预防措施

在鱼苗放养前 10 天用适量生石灰彻底清塘，以杀灭剑水蚤及虫卵和第一中间寄主。

6. 治疗方法

① 用 90%晶体敌百虫 0.5 毫克/升全池泼洒，同时投喂 90%晶体敌百虫 50 克与面粉 1 克混合制成的药饵喂鱼，喂药前停食 1 天，再投喂药饵 3 天，将虫体驱出肠道。

② 对已经患病的鱼应及时捞除，绦虫应进行深埋，以防止其传播。

③ 用 3%的食盐水浴洗病鱼 15 分钟，有一定的效果。

④ 可采用槟榔粉末、南瓜子粉末和饲料混合（配比为 1∶2∶10）喂鱼，连喂一周，有一定效果。

⑤ 每万尾 9 厘米大的鱼种，用南瓜子 250 克研成粉，与 500 克米糠拌匀，连续投喂 3 天，有一定疗效。

⑥ 使君子 2.5 千克，葫芦金 5 千克，捣烂煮水成 5～10 千克汁液，将汁液拌入 7.5～9 千克米糠，连喂 4 天，其中第 2～4 天药量减半，但米糠量不变，可制止病鱼死亡。

⑦ 每百千克鱼用干草、大黄各 0.1 千克，鹤虱、雷丸、贯众、槟榔

各 0.15 千克，粉碎后与面粉混合制成颗粒状饵料投喂。

十三、碘泡虫病的诊断及防治

别名：疯狂病。

1. 病原病因

由鲢碘泡虫寄生而引起的鱼病（图 4-10 碘泡虫）。

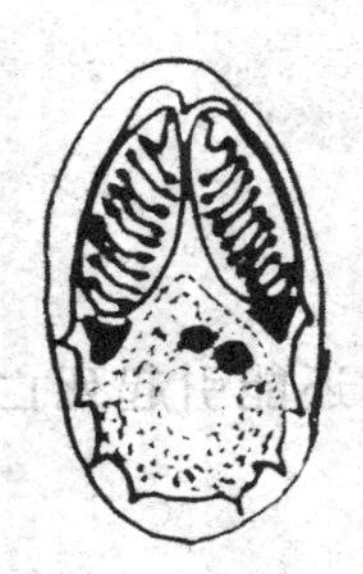

图 4-10 碘泡虫（仿《湖北省鱼病病原区系图志》）

2. 症状特征

鲢碘泡虫在病鱼各个器官中均可见到，但主要寄生在脑、脊髓、脑颅腔的淋巴液内。病鱼极度消瘦，体色暗淡丧失光泽，尾巴上翘，在水中狂游乱窜，打圈子或钻入水中复又起跳，似疯狂状态，故称疯狂病。病鱼失去正常活动能力，难以摄食，终至死亡。

3. 流行特点

此病在全国各地均有发现。

4. 危害情况

① 主要危害 1 龄以上的鱼。

② 严重时可引起死亡。

5. 预防措施

① 在放养鱼苗种之前，要对饲养环境进行彻底的消毒。125 千克/667 米^2 的生石灰彻底清塘杀灭淤泥中的孢子，减少病原的流行。

② 加强对水体的消毒，以防随水进入的碘泡虫感染鱼。

③ 加强饲养管理，增加鱼体的抵抗力。

6. 治疗方法

鱼种放养前，用 500 毫克/升高锰酸钾充分溶解后，浸洗鱼种 30 分钟，能杀灭 60%～70%孢子。

十四、血居吸虫病的诊断及防治

1. 病原病因

由于血居吸虫的寄生而引起。

2. 症状特征

血居吸虫如果是在短时期内有多个尾蚴钻入鱼体内，就有可能引起鱼出现跳跃、挣扎、在水面急游打转，或悬浮在水面吸水的现象，病鱼鳃丝肿胀，鳃盖张开，肛门口起水泡，全身红肿，鳃上及体表黏液量增多，最后逐渐衰竭而死亡。

3. 流行特点

① 血居吸虫病是一种世界性的鱼类疾病，欧洲、美洲、非洲、亚洲等地都有引起鱼类大批死亡的报道。

② 主要流行于夏季。

4. 危害情况

血居吸虫病能引起急性死亡的主要是鱼苗、鱼种阶段的鱼。

5. 预防措施

鱼池进行彻底清塘，消灭中间寄主，进水时要经过过滤，以防中间寄主随水带入。

6. 治疗方法

诱杀中间寄主。可在傍晚将青草扎成数小捆放入池中诱捕，于第二天清晨把草捆捞出；如水体中已有该病原时，应同时泼洒90%的晶体敌百虫，以杀灭水中的尾蚴，泼洒次数应根据池中诱捕中间寄主的效果及螺体内感染虫体的强度、感染率而定。

十五、复口吸虫病的诊断及防治

别名：双穴吸虫病、复口吸虫病、寄生虫性白内障病。

1. 病原病因

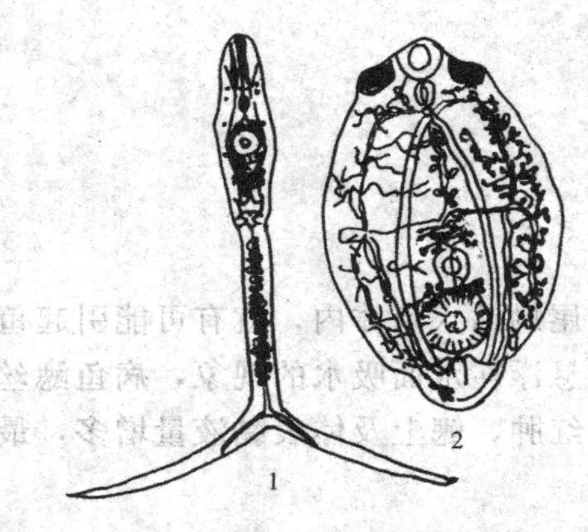

图 4-11 复口吸虫（仿潘金培）
1—尾蚴；2—后囊蚴

复口吸虫的囊蚴寄生于鱼的眼中（图 4-11 复口吸虫）。

2. 症状特征

病鱼眼中的水晶体混浊，呈乳白色，严重时整个眼睛失明或水晶体脱落，有些鱼一只眼睛患病，形似独眼龙，有的鱼两只眼睛都受到侵害，形如瞎子，导致病鱼不能正常摄食，以致鱼体瘦弱或极度瘦弱而死。

3. 流行特点

① 该病流行于 5～8 月份。

② 全国各地都有发生，尤其在鸥鸟及锥实螺较多的地区更为严重。

③ 患病多数是一龄以上的鱼，患病的概率相当高。

4. 危害情况

发病后鱼体水晶体混浊，易造成鱼死亡。

5. 预防措施

① 切断传播途径，当鱼池里一旦发现有锥实螺时，立即清除，因为锥实螺是复口吸虫的中间寄主。

② 饲养前鱼池要进行彻底清塘，消灭中间寄主，进水时要经过过滤。

6. 治疗方法

可人工毒杀锥实螺。

十六、月鳢晕头病的诊断及防治

别名：转体病、昏头病。

1. 病原病因

此病病原尚未清楚。可能与鱼苗培育的水质和车轮虫、舌杯虫等寄生虫寄生有关系。

2. 症状特征

病鱼体黑，发病初期鱼拒食，分散静浮在水的上中层，反应迟钝，继而群集在水池的角落；严重时旋转狂游，时而在水中乱窜，时而蹿浮于水面，时而在水中作圆圈打转，下沉水底死亡，故称为“晕头病”。

3. 流行特点

此病主要流行季节为3～7月份，4～5月大流行。

4. 危害情况

① 主要危害2～6厘米、50克以下的月鳢鱼苗鱼种。

② 此病发病迅速、传染快，严重者2～3天可全部死亡。

③ 是月鳢苗种阶段危害性最大的暴发性鱼病。

5. 预防措施

① 对养殖设施和工具进行严格消毒。

② 少投喂鲜活饵料，如需投喂要先消毒。

③ 换水时，注水不可太急，水温温差不得大于2℃。

④ 每次换水后要及时泼洒二氧化氯，使池水药物浓度为5毫克/升，或者用生石灰加水泼洒，使池水pH值在7～8。

⑤ 不能直接将地下水注入鱼池，应充分曝气后再用。

6. 治疗方法

① 用庆大霉素20万单位/米^{3}全池泼洒。

② 对发病鱼立即用浓度为0.04～0.05毫克/升的优氯净或强氯精药液全池泼洒，30分钟后再泼洒浓度为0.7毫克/升的硫酸铜、硫酸亚铁合剂（5∶2），同时每千克鱼用2～2.5克鱼服康A或B投饵喂食，每天1次，连用3天，间隔1～2天后，再喂3天。

③ 用噁喹酸 0.05 千克/667 米^2·米，全池泼洒。

十七、斑点叉尾鮰柱形虫病的诊断及防治

1. 病原病因

由柱状屈挠杆菌感染所引起的。

2. 症状特征

发病初期，鱼头部、躯干出现损伤，或鳍条处出现白色斑点，并有轻微出血，病情加重时，病灶的皮肤全部破坏，露出肌肉组织，最终导致死亡。

3. 流行情况

① 该病一年四季均可出现。
② 在水温 25～32℃时流行。

4. 危害情况

① 该病对幼鱼危害最大，年龄渐大危害较小。
② 随着感染加深，导致鱼类死亡。

5. 预防措施

① 每年冬季清除饲养池塘淤泥，彻底消毒。
② 控制放养密度，防止鱼体受伤。

6. 治疗方法

① 用 1%～3%的食盐水药浴病鱼 15 分钟。

② 用氟哌酸或磺胺类药物每吨饲料用药 1 千克拌入饵料投喂，同时用 1.5～2 毫克/升二氧化氯全池泼洒。

十八、加州鲈鱼杯体虫病的诊断及防治

1. 病原病因

筒形杯体虫感染。

2. 症状特征

病鱼鱼体发黑，似缺氧浮头样群游于水面，但是往池中冲水或充氧气鱼仍不下沉。体表及鳍条有白色絮状物，若将此物在显微镜下观察，可见到大量的杯体虫。

3. 流行特点

① 主要流行于 3～4 月。
② 水泥池或鱼塘培育的鱼苗都会发病。

4. 危害情况

① 主要危害 5 厘米以下苗种。
② 苗种感染率达 90%左右。
③ 死亡率在 20%左右。

5. 预防措施

① 彻底清塘。
② 注意放养密度和水质清新。
③ 强饲养管理，投喂优质饲料，提高机体抗病能力。

6. 治疗方法

① 用 0.7 毫克/升水体硫酸铜和硫酸亚铁（5∶2）合剂全池泼洒。
② 用 30 毫克/升福尔马林溶液全池泼洒。
③ 用浓度为 100 毫克/升的新洁尔灭溶液药浴 5 分钟。

第四节　真菌性疾病

一、打粉病的诊断及防治

别名：白衣病、卵甲藻病、卵鞭虫病。

1. 病原病因

由于嗜酸性卵甲藻的感染而引起。放养鱼的密度过大，又缺乏饵料，鱼抵抗力减弱，便可导致打粉病的发生。

2. 症状特征

发病初期，病鱼拥挤成团，或在水面形成环游不息的小团。病鱼初期体表黏液增多，背鳍、尾鳍及体表出现白点，白点逐渐蔓延至尾柄、头部和鳃内。继而白头相接重叠，周身好似穿了一层白衣，病鱼早期食欲减退，呼吸加快，口不能闭合，有时喷水，精神呆滞，腹鳍不畅，很少游动，最后鱼体逐渐消瘦呼吸受阻导致死亡。

3. 流行特点

① 春末至初秋，水温在 22～32℃时流行。

② 当饲养水质呈酸性，pH 值 5～6.5，水中会有嗜酸性卵甲藻存在，此时易流行。

4. 危害情况

① 主要危害当年鱼。

② 可导致鱼死亡。

5. 预防措施

① 注意饲养过程中适宜的放养密度，平日多投喂配合饵料，增强鱼的抵抗力。

② 将病鱼转移到微碱性水质（pH 为 7.2～8.0）的鱼池（缸）中饲养。

6. 治疗方法

① 用生石灰 5～20 毫克/升浓度全池遍洒，既能杀灭嗜酸性卵甲藻，又能把池水调节成微碱性。

② 用碳酸氢钠（小苏打）10～25 毫克/升全池遍洒。

二、水霉病的诊断及防治

别名：肤霉病、白毛病、卵丝病。

1. 病原病因

① 病原体是水霉属、绵霉属的水霉菌。

② 由于捕捉、搬运时操作不小心，擦伤皮肤，或因寄生虫破坏鳃和体表，或因水温过低冻伤皮肤，以致水霉的游动孢子侵入伤口而感染。

2. 症状特征

病鱼体表或鳍条上有灰白色如棉絮状的菌丝。水霉病从鱼体的伤口侵入，开始寄生于表皮，逐渐深入肌肉，吸取鱼体营养，大量繁殖，向外生出灰白或青白色菌丝，严重时菌丝厚而密，有时菌丝着生处有伤口充血或溃烂。病鱼游动迟缓，食欲减退，离群独游，最后衰竭死亡。

3. 流行特点

① 水霉病终年均可发生，尤其早春、晚冬及阳光不足、阴雨连绵的黄梅季节更为多见。

② 水霉病是常见病、多发病，我国各地都有流行。

③ 水霉在15℃左右生长最活跃。

4. 危害情况

① 寄生在鱼的伤口上，导致伤口继发性感染细菌，加速了病鱼的死亡。

② 鱼未受精和胚胎活力差的鱼卵也易感染。

5. 预防措施

① 加强饲养管理，避免鱼体受伤。

② 捕捞、运输时小心一点不使鱼体受伤。

③ 在越冬以前，用药物处理杀灭寄生虫。

④ 注意合理的放养密度。

⑤ 水质保持清洁以隔绝水霉菌的生长，可以防止此病的发生。

⑥ 创造有利于鱼卵孵化的外界条件，用60毫克/升的亚甲基蓝浸洗鱼卵（连同鱼巢一起）10～15分钟，可预防鱼卵水霉病。

⑦ 严格执行检疫制度，防止将水霉菌带入饲养区。

6. 治疗方法

① 用亚甲基蓝0.1%～1%浓度水溶液涂抹伤口和水霉着生处或用亚甲基蓝60毫克/升浓度浸洗3～5分钟。

② 每立方米水体用五倍子2克煎汁全池泼洒。

③ 用食盐400～500毫克/升和碳酸氢钠400～500毫克/升浓度合剂全池遍洒。

④ 用维生素E内服，每10千克鱼体重用0.6～0.9克内服，连服10～15天。

⑤ 在100千克水中溶解0.3克亚甲基蓝，浸洗鱼体10～20分钟，数日后可见菌丝脱落。

⑥ 用2毫克/升高锰酸钾溶液加5%食盐水浸泡20～30分钟，每天一次。

⑦ 把病鱼浸泡在浓度为5毫克/升的二氧化氯溶液里，直至痊愈。

⑧ 每立方米水体用五倍子1.3～2克。先将五倍子捣碎成粉状，加10倍左右的水，煮沸后再煮2～3分钟，用水稀释后全池泼洒。

⑨ 菊花0.75千克，金银花0.75千克，黄柏1.5千克，青木香1.5千克，苦参2.5千克，组成配方。研制成细末，每667米^{2}1米水深用配制成的细末0.5千克左右，加水全池泼洒。另外用食盐1.5千克左右，每0.25千克1包，用布包好，吊挂于鱼池四周围水下15～30厘米处即可。

三、鳃霉病的诊断及防治

1. 病原病因

鳃霉菌感染导致疾病的发生。当水质恶化，特别是水中有机质含量较高时，容易暴发鳃霉病。

2. 症状特征

病鱼食欲减退，呼吸困难，游动迟缓，鳃丝黏液增多，鳃上有出血、缺血或淤血的斑点，出现花鳃样。严重的病鱼鳃呈青灰色，很快死亡。

3. 流行特点

① 鳃霉病在我国的江苏、浙江、广东、广西、湖北、辽宁等地均有流行。

② 主要流行于热天，5～10 月均流行，尤其以 5～7 月是流行高峰期。

③ 鳃霉在水温 28℃左右生长最活跃。

④ 通过孢子与鳃直接接触而感染。

4. 危害情况

① 主要危害青鱼、草鱼、鲮鱼、鳙鱼、银鲴和黄颡鱼等。

② 对鲮鱼苗危害最大。

③ 发病几天后可引起鱼类大量死亡。

④ 严重时发病率达 70%～80%，死亡率达 90%以上。

⑤ 是我国口岸鱼类第二类检疫对象。

5. 预防措施

① 严格执行检疫制度，防止将鳃霉菌带入饲养区。

② 清除池塘中过多的淤泥，用浓度为 400 毫克/升的生石灰清塘消毒。

③ 放养前清除池塘中过多的淤泥，用浓度为 40 毫克/升的漂白粉清塘消毒。

④ 加强饲养管理，水质保持清洁。

⑤ 掌握科学的投饲量和施肥量，有机肥必须经发酵后才能放进池塘中。

6. 治疗方法

① 在疾病流行季节，定期灌注新水。

② 全池遍洒生石灰 30 毫克/升，5 天后再洒一次。

③ 全池遍洒漂白粉 2 毫克/升，5 天后再洒一次。

④ 每立方米水体用五倍子 2～5 克。先将五倍子捣碎成粉状，加 10 倍左右的水，煮沸后再煮 2～3 分钟，用水稀释后全池泼洒。

四、斑点叉尾鮰卵病的诊断及防治

1. 病原病因

水霉感染。由于鱼卵的孵化时间较长，若水体不洁或水流不足，鱼卵很容易感染水霉。

2. 症状特征

卵块表面呈棉花状，细菌感染初起症状为卵块上出现不透明或淡灰色小区，随着病情加重，可引起大批死亡。

3. 流行特点

在斑点叉尾鮰繁殖期间流行。

4. 危害情况

导致鱼卵大批死亡。

5. 预防措施

① 在亲鱼繁殖的拉网和运输过程中，操作要细致，尽可能避免鱼体受伤。

② 在鱼卵孵化前用 5%的食盐水溶液浸泡 5 分钟。

③ 鱼卵孵化前用 3%～4%的食盐水浸洗 10～15 分钟。

6. 治疗方法

① 用 60～65 毫克/升浓度亚甲基蓝浸洗 10～13 秒。

② 高锰酸钾溶液 3 毫克/升浸洗 10～15 秒。

③ 土霉素 200 毫克/升溶液浸洗 10～15 分钟。

④ 用 3～5 毫克/升的治霉灵将病卵泼洒一遍。

第五节　蠕虫性疾病

一、指环虫病的诊断及防治

1. 病原病因

由于指环虫的寄生而引起（图 4-12 指环虫）。

2. 症状特征

指环虫寄生于鱼鳃，随着虫体增多，鳃丝受到破坏，后期鱼鳃明显肿胀，鳃盖张开难以闭合，鳃丝灰暗或苍白，有时在鱼体的鳍条和体表也能发现有虫体寄生。病鱼不安，呼吸困难，有时急剧侧游，在水草丛中或池边摩擦，企图摆脱指环虫的侵扰。晚期游动缓慢，食欲不振，鱼体贫血、消瘦。

3. 流行特点

① 指环虫适宜生长水温为 20～25℃，多在初夏和秋末两个季节流行。

② 该病主要通过虫卵及幼虫传播。

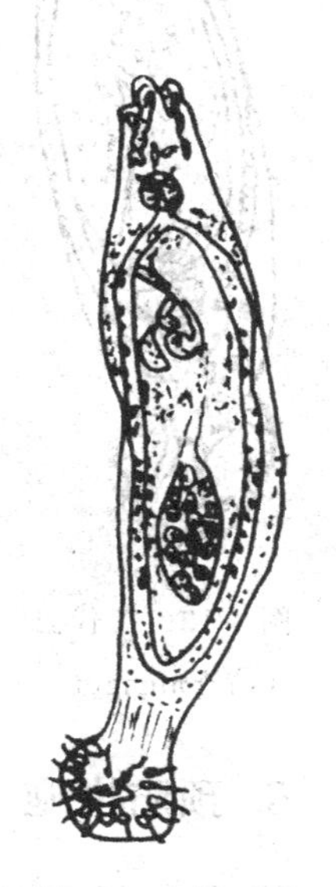

图 4-12　指环虫

（仿伍惠生等）

4. 危害情况

主要危害鱼苗、鱼种。

5. 预防措施

① 鱼池每 667 米^2 水深 1 米时，用生石灰 60 千克，带水清塘。

② 鱼种放养时，用 1 毫克/升晶体敌百虫浸洗 20～30 分钟。

6. 治疗方法

① 晶体敌百虫 0.5～1 毫克/升，全池泼洒。

② 高锰酸钾 20 毫克/升，在水温 10～20℃时浸洗 20～30 分钟，20～25℃浸洗 15 分钟，25℃以上浸洗 10～15 分钟。

③ 用 90％的晶体敌百虫溶液泼洒，使水体中的药物浓度达到 0.2～0.4 毫克/升。

二、三代虫病的诊断及防治

1. 病原病因

由秀丽三代虫、鲢三代虫寄生于鱼的体表和鳃造成（图 4-13 三代虫）。

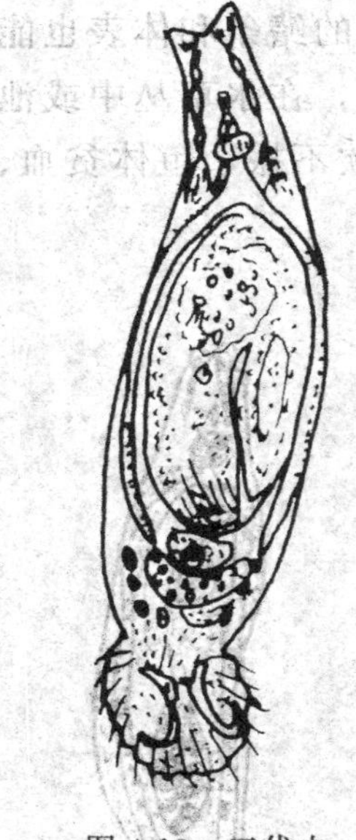

图 4-13　三代虫

（仿 Yamaguti）

2. 症状特征

少量寄生时，鱼体没有明显的症状，只是在水中显示不安的游泳状，鱼的局部黏液增多，呼吸困难，体表无光。随着寄生数量的增加，病鱼体表有一层灰白色的黏液膜，病鱼瘦弱，初期呈极度不安，时而狂游于水中，继而食欲减退，游动缓慢，终至死亡。

3. 流行特点

① 全国各地都有此病流行。

② 终年均可发生，但以 4～10 月更为多见。

4. 危害情况

对鱼苗、鱼种危害较大，严重时能引起鱼死亡。

5. 预防措施

① 鱼池每亩水深 1 米时，用生石灰 60 千克，带水清塘。

② 鱼种放养时，用 1 毫克/升晶体敌百虫浸洗 20～30 分钟。

6. 治疗方法

① 在水温 10～20℃的条件下，用 20 毫克/升浓度的高锰酸钾水溶液浸洗病鱼 10～20 分钟。

② 0.7 毫克/升的晶体敌百虫的水溶液浸洗病鱼 15～20 分钟后，再用清水洗去鱼体上的药液，放回缸中精心饲养。

③ 用 0.2～0.4 毫克/升浓度的晶体敌百虫溶液全池遍洒。

三、毛细线虫病的诊断及防治

1. 病原病因

毛细线虫的寄生而引起（图 4-14 毛细线虫）。

2. 症状特征

毛细线虫以头部钻入寄主肠壁黏膜层，破坏组织，引起肠壁发炎。全长 1.6～2.6 厘米的鱼种，如果有 5～8 条成虫寄生，生长即可能受到一定的影响；若有 30～50 条虫体寄生时，病鱼就会离群分散于池边，极度消瘦，继之死亡；而全长 7～10 厘米鱼种，如果只有 20～30 条毛细线虫寄生时，外表尚难观察到明显症状。

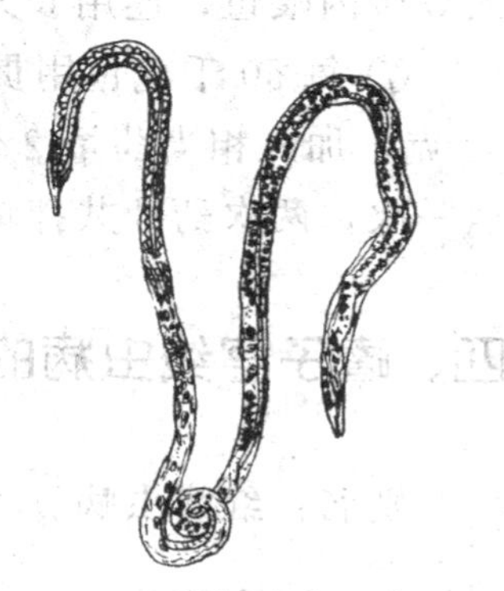

图 4-14 毛细线虫（仿《中国淡水鱼类养殖学》）

3. 流行特点

常年均可以发现。

4. 危害情况

毛细线虫寄生于鱼的消化道中，主要危害当年鱼种。

5. 预防措施

① 鱼池每亩水深 1 米时，用生石灰 60 千克，带水清塘。

② 鱼种放养时，用 1 毫克/升晶体敌百虫浸洗 20～30 分钟。

6. 治疗方法

① 按2～3克/千克鱼体重用90%的晶体敌百虫拌饲投喂，连喂6天为一个疗程。

② 用中草药580克（将贯众、土荆芥、苏梗和苦槐树皮按16∶5∶3∶5的比例配制）煎汁拌饲料投喂100千克鱼体，连喂6天为一个疗程。

③ 每667米^{2}水深1米，用苦楝树枝叶30千克，煮水全池泼洒。

④ 每667米^{2}水深1米，用枫杨树叶30千克，煮水全池泼洒。

⑤ 每立方米水体使用3千克桉树叶煮汁，给鱼苗浸洗半小时。

⑥ 使用中药合剂，贯众、土荆芥、苏梗、苦楝树皮合剂（比例为16∶5∶3∶5）。每10千克鱼用药58克，加入总药量3倍的水，煎至原水量的1/3时，倒出药汁，再按上法煎第二次，将先后两次煎出的药汁混合，拌入豆饼内喂鱼，连用6天。

⑦ 每50千克鱼用贯众160克，荆芥50克，苏梗30克，苦楝树根皮50克，加入相当药量2倍的水煎至原水量的一半，倒出药汁，原药再重煎一次，两次药汁共拌饲料制成药饵投喂，连续6天。

四、嗜子宫线虫病的诊断及防治

别名：红线虫病。

1. 病原病因

由嗜子宫线虫的寄生而引起（图4-15 嗜子宫线虫）。

2. 症状特征

只有少数嗜子宫线虫寄生时，鱼没有明显的患病症状。虫体寄生在病鱼鳍条中，导致鳞片隆起，鳞下盘曲有红色线虫，鳍条充血，鳍条基部发炎。虫体破裂后，可以导致鳍条破裂，往往引起细菌、水霉病继发。

3. 流行特点

① 春、秋季是该病的流行季节。

② 华东、华中地区等地发病率较高。

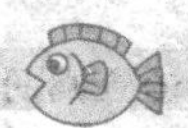

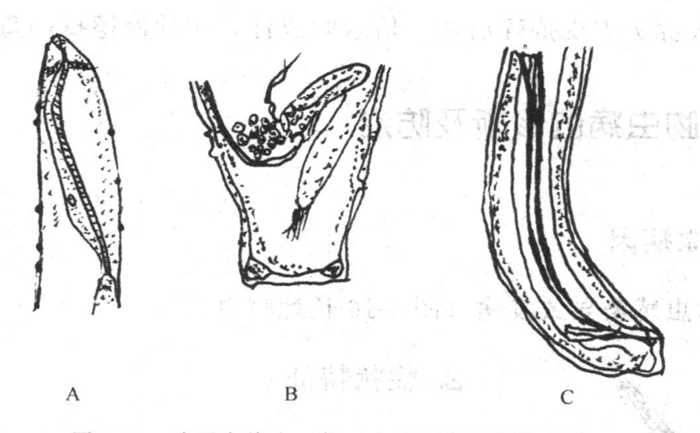

图 4-15　嗜子宫线虫（仿《中国淡水鱼类养殖学》）

A—雌虫的头部；B—雌虫的尾部；C—雄虫的尾部

③ 需要剑水蚤做中间寄主。

④ 常常并发细菌性烂鳃病、白头白嘴病、竖鳞病、水霉病等。

4. 危害情况

① 嗜子宫线虫一般不会直接导致鱼死亡。

② 主要危害温水性鱼类。

5. 预防措施

用晶体敌百虫 0.4～0.6 毫克/升的浓度全池泼洒，杀死水体中的中间宿主——剑水蚤类，5 月下旬及 6 月上旬各遍洒一次。

6. 治疗方法

① 用细针仔细挑破鳍条或挑起鳞片，将虫体挑出，然后用 1% 的二氯异氰脲酸钠溶液涂抹伤口或病灶处，每天 1 次，连续 3 天。

② 用三氯异氰脲酸泼洒，水温 25℃ 以上时，使水体中的药物浓度达到 0.1 毫克/升，20℃ 以下时，用药浓度为 0.2 毫克/升，可促使鱼体伤口愈合。

③ 用二氧化氯泼洒，使水体中的药物浓度达到 0.3 毫克/升，可以预防继发性的细菌性疾病的发生。

④ 用 2% 食盐水溶液将病鱼洗浴 10～20 分钟。

⑤ 将大蒜头去皮捣碎后加 5 倍水配成汁，用汁液擦拭病鱼患部。

五、长棘吻虫病的诊断及防治

1. 病原病因

长棘吻虫感染导致发病（图 4-16 长棘吻虫）。

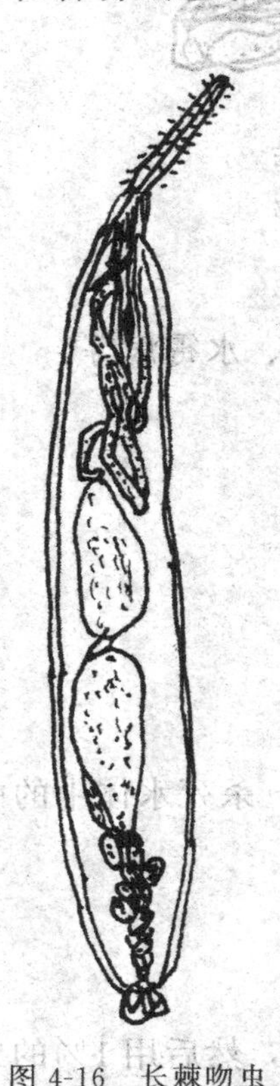

图 4-16　长棘吻虫

（仿《湖北省鱼病病原区系图志》）

2. 症状特征

当少量长棘吻虫寄生时，鱼体没有明显症状，当大量寄生时，鱼体消瘦，生长缓慢，摄食减少或不摄食。严重时，可引起鱼类大量死亡。剖开鱼腹，可见肠壁外有很多肉芽肿结节，剪开肠壁时可见有大量寄生虫。

3. 流行特点

① 全国各地均有流行报道。

② 4～10 月是主要流行期。

4. 危害情况

① 主要危害鲤鱼。

② 鲤鱼的夏花和 2 龄鲤鱼都能感染，但对夏花的危害更大。

③ 夏花鲤鱼肠内只要寄生长棘吻虫 3～5 只时，就可引起鱼苗的死亡。

④ 死亡一般不是暴发性的，而是缓慢死亡，每天都有，可持续几个月之久，所以总的死亡率比较高。

⑤ 鲤鱼的感染率为 70%左右，死亡率为 60%左右。

5. 预防措施

① 用 400 毫克/升浓度的生石灰或 40 毫克/升的漂白粉彻底清塘，杀灭池塘中的虫卵及中间寄主。

② 在发病地区，鲤鱼鱼苗主要是夏花的培育，要用专池培育，不能和成鱼混养，以免感染。

③ 利用冬季清除池塘中过多的淤泥，也可在夏季用吸泥船或吸浆泵将池塘底部表面淤泥吸走，可以起到消灭虫卵的目的。

6. 治疗方法

① 每千克鱼用0.6毫升四氯化碳拌在饲料中投喂，1天1次，连续投喂7天为一疗程。

② 用90%晶体敌百虫0.7毫克/升全池泼洒，同时将1千克敌百虫拌入35千克的麸皮内投喂，连喂10天。

六、原生动物性烂鳃病的诊断及防治

1. 病原病因

由指环虫、口丝虫、斜管虫、三代虫等原生动物寄生导致鱼鳃部糜烂。

2. 症状特征

病鱼鳃部明显红肿，鳃盖张开，鳃失血，鳃丝发白、破坏、黏液增多，鳃盖半张。游动缓慢，鱼体消瘦，体色暗淡；呼吸困难，常浮于水面，严重时停止进食，最终因呼吸受阻而死。

3. 流行特点

① 全国各地都有此病流行。

② 此病是鱼常见病、多发病。

4. 危害情况

此病能使当年鱼大量死亡。

5. 预防措施

① 用食盐水、二氧化氯或三氯异氰脲酸浸洗。

② 用漂白粉或二氯异氰脲酸钠全池遍洒。

③ 在饵后用漂白粉（含有效氯 25%～30%）挂篓预防。

6. 治疗方法

① 用依沙吖啶（利凡诺）20 毫克/升浓度浸洗。水温为 5～10℃时，浸洗 15～30 分钟；21～32℃时，浸洗 10～15 分钟，用于早期的治疗。

② 用依沙吖啶（利凡诺）0.8～1.5 毫克/升浓度全池遍洒。

③ 用晶体敌百虫 0.1～0.2 克溶于 10 千克水中，浸泡病鱼 5～10 分钟。

④ 投喂药饵，第 1 天用甲砜霉素 2 克拌饵投喂，第 2～3 天用药各 1 克，连续投喂 6 天为一个疗程，直至痊愈。

⑤ 用 90%晶体敌百虫加水全池泼洒，使池水药物浓度达 0.3～0.5 毫克/升。

第六节　甲壳性疾病

一、中华蚤病的诊断及防治

别名：翘尾巴病。

1. 病原病因

由于中华蚤的寄生而引起。

2. 症状特征

少量虫体寄生时一般无明显症状，大量虫体寄生时，则可能大致病鱼呼吸困难，焦躁不安，在水表层打转或狂游，尾鳍上叶常露出水面，最后因消瘦、窒息而死。病鱼鳃上黏液很多，鳃丝末端膨大成棒状，苍白而无血色，膨大处上面则有淤血或有出血点。

3. 流行特点

① 我国各地均有发生。

② 4～11 月是中华蚤的繁殖时期，从 5～9 月上旬流行最盛。

4. 危害情况

中华蚤主要危害小规格鱼，严重时可引起病鱼死亡。

5. 预防措施

根据中华蚤对寄主具有选择性的特点，可采用发病饲养池轮养不同种类鱼的方法进行预防。

6. 治疗方法

① 用 90%的晶体敌百虫泼洒，使池水中的药物浓度达到 0.2～0.3 毫克/升，每间隔 5 天用药 1 次，连续用药 3 次为一个疗程。

② 用硫酸铜和硫酸亚铁合剂（两者比例为 5：2）泼洒，使池水中药物浓度达到 0.7 毫克/升。

③ 用 2.5%的溴氰菊酯泼洒，使池水中的药物浓度达到 0.02～0.03 毫克/升。

二、锚头蚤病的诊断及防治

别名：针虫病、锚头虫病、蓑衣病。

1. 病原病因

由锚头蚤寄生鱼体所致（图 4-17，图 4-18）。

2. 症状特征

发病初期病鱼呈现急躁不安，食欲不振，继而鱼体逐渐瘦弱，仔细检查鱼体可见一根根针状虫体，插入肌肉组织，虫体四周发炎红肿，有因溢血而出现的红斑，继而鱼体组织坏死，严重时可造成病鱼死亡。当寄生的虫体较多时，鱼体上像披蓑衣一样。

3. 流行特点

4～9 月份为此病的流行季节。

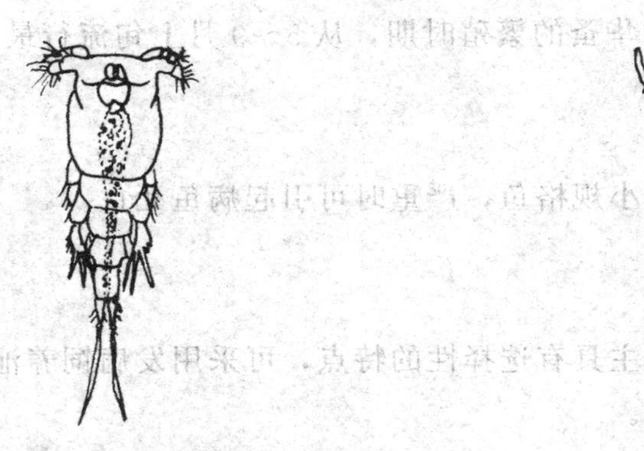

图 4-17 锚头蚤的第一桡足幼体(仿尹文英)

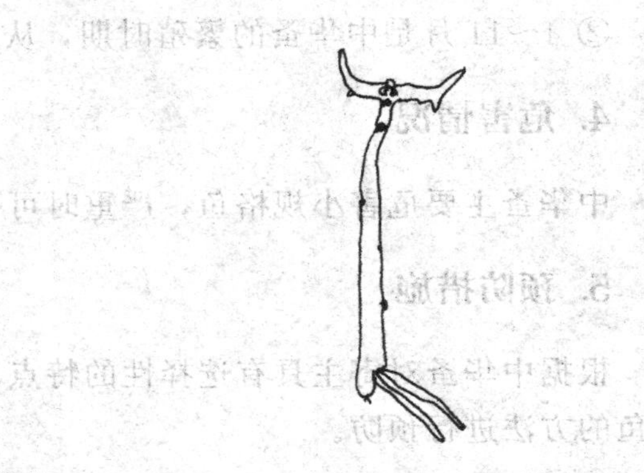

图 4-18 多态锚头蚤股面观(仿尹文英)

4. 危害情况

① 对鱼的危害较大，尤其是幼鱼。

② 只要有 2～4 个虫体寄生于同一尾鱼，就可能引起鱼体死亡。

③ 影响鱼类摄食，造成鱼体瘦弱或极度消瘦，甚至死亡。

5. 预防措施

① 彻底清塘消毒。

② 定期用漂白粉或二氧化氯或三氯异氰脲酸全池遍洒。

③ 每 667 米^2 用 20 千克马尾松枝，扎成多束放塘中，可预防此病。

6. 治疗方法

① 鱼体上有少数虫体时，可立即用剪刀将虫体剪断，用紫药水涂抹伤口，再用二氧化氯溶液泼洒，以控制从伤口处感染的致病菌。

② 用浓度为 1%的高锰酸钾水溶液涂抹虫体和伤口，经过 30～40 秒钟后放入水中，次日再涂药一次，同样用三氯异氰脲酸溶液泼洒，使水体浓度呈 1～1.5 毫克/升，水温 25～30℃时，每日一次共三次即可。

③ 用 2.5%的溴氰菊酯泼洒，使池水中的药物浓度达到 0.02～0.03 毫克/升。

④ 用 90%的晶体敌百虫泼洒，使池水中的药物浓度达到 0.2～0.3 毫克/升。

⑤ 用 0.5 毫克/升敌百虫或特美灵可杀灭。但需连续用药 2～3 次，每次间隔 5～7 天，方能彻底杀灭幼虫和虫卵。

⑥ 用2%的氯化钠溶液与3%的碳酸氢钠溶液混合，病鱼每日药浴2次，每次10分钟。

⑦ 每40千克水中加0.5克土霉素浸浴。

⑧ 每667米^{2}用苦楝树根6千克，桑叶10千克，麻饼或豆饼11千克，菖蒲22.5千克，研碎，混合，全池泼洒。

⑨ 用雷丸与石榴皮各100克，加水10千克，煎4～5小时至药液仅剩2.5千克左右，倒出再用水稀释到原来水量，浸洗病鱼20～30分钟，放回塘中3～4天，虫子会全部脱落。

三、新蚤病的诊断及防治

1. 病原病因

由于日本新蚤的寄生而引起（图4-19日本新蚤）。

2. 症状特征

病原体主要寄生在鱼的鳍、鳃和鼻腔。病鱼身体消瘦发黑，在背鳍、尾鳍上附近，可见到许多小白点，有时鳃丝、鳃耙上也有。病鱼常有浮头现象。

图4-19 日本新蚤（仿尹文英）

3. 流行特点

春季至秋季是流行季节。

4. 危害情况

① 主要危害鱼的幼鱼，2龄鱼也有患病的。

② 较多寄生能引起死亡，较少时不会导致鱼体死亡，但会引鱼体消瘦。

5. 预防措施

饲养用水应经过过滤后再用，防止感染。

6. 治疗方法

① 用浓度为1%高锰酸钾溶液涂抹在鱼体体表和鳍上，每天一次，连续3天，可有效地杀死新蚤。

② 用浓度为20毫克/升的高锰酸钾溶液浸洗鱼体。

四、虱病的诊断及防治

1. 病原病因

鱼虱寄生导致发病（图4-20 虱）。

2. 症状特征

同锚头蚤一样寄生于鱼体，肉眼可见，常寄生于鳍上。鱼虱在鱼体爬行叮咬，使鱼出现急躁不安急游或擦壁，或跃于水面，或急剧狂游，百般挣扎、翻滚等现象；鱼虱寄生于一侧，可使鱼失去平衡。病鱼食欲大减，瘦弱，伤口容易感染。病鱼皮肤发炎，皮肤溃烂。

3. 流行特点

① 流行很广，各地均有发生。

② 一年四季都可流行，因虱在水温16～30℃皆可产卵，在江浙一带5～10月，北方在6～8月流行。

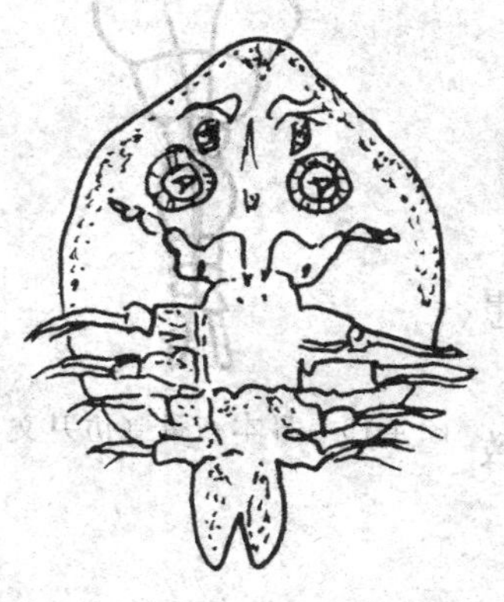

图4-20 虱（仿《湖北省鱼病病原区系图志》）

4. 危害情况

① 虱以尖锐的口刺刺伤鱼的皮肤，吸食鱼血液与体液，造成机械性创伤，使鱼体逐渐消瘦。

② 虱能随时离开鱼体在水中游动，任意从一个寄主转移到另一寄主上，也可随水流、工具等而传播。

③ 严重时可导致鱼死亡。

5. 预防措施

① 把鱼临时放入稍冷的水中，鱼虱受惊离开鱼体，而后换水养鱼。

② 病鱼的原池要刷洗，用石灰或高锰酸钾消毒后换上新水。

③ 病鱼经过药水浸洗后，仍可放回换过水的池中，并投入新鲜饵料以恢复体质。

6. 治疗方法

① 如果是少数虱寄生时，可用镊子一一取下，这种方法见效最快，但是极易给鱼造成伤害，一定要小心操作。

② 把病鱼放入1.0%～1.5%的食盐水中，经2～3天，即可驱除寄生虫。

③ 用高锰酸钾或敌百虫（每立方米加入90%的晶体敌百虫溶液0.7克）清洗。

④ 把鱼放入3%的食盐溶液中浸泡15～20分钟，使虱从鱼体上脱落。

⑤ 用浓度为1%的高锰酸钾水溶液浸泡鱼体后，再用二氧化氯溶液泼洒，使水体中的药物浓度达到0.3毫克/升。

五、鱼蛭病的诊断及防治

1. 病原病因

由于尺蠖鱼蛭的寄生而引起（图4-21鱼蛭）。

2. 症状特征

寄生在鱼的体表、鳃及口腔，少量鱼蛭寄生时对鱼体的危害不大；寄生数量多时，鱼表现不安，常跳出水面。被破坏的体表呈现出血性溃疡，严重时则出现坏死。鳃被侵袭时，引起呼吸困难。病鱼消瘦，生长缓慢，贫血至死亡。

图 4-21　鱼蛭
（仿黄琪琰）

3. 流行特点

① 在我国感染率不高，也不常见。

② 鱼蛭会离开鱼体，寄生于另一尾鱼上，可以传播感染。

4. 危害情况

① 鱼蛭常是锥体虫病等的传播者。

② 主要危害底层鲤科鱼类。

5. 预防措施

加强清塘消毒处理。

6. 治疗方法

① 采用 2.5%盐水浸浴鱼体 0.5～1 小时。

② 用浓度为 0.5 毫克/升二氯化铜浸浴鱼体 15 分钟。

③ 采用上述方法治疗后，鱼蛭只能从鱼体上脱落下来，但是尚未死亡，所以浸洗后的水不应倒入饲养池中，应采用机械方法将鱼蛭消灭。

六、钩介幼虫病的诊断及防治

1. 病原病因

钩介幼虫的寄生而引起（图 4-22 钩介幼虫）。

2. 症状特征

钩介幼虫用足丝黏附在鱼体上，用壳钩钩在鱼的嘴、鳃、鳍及皮肤上，鱼体因此而受到刺激，引起周围组织发炎、增生，逐渐将幼虫包在里面，形成胞囊。较大的鱼体几十个钩介幼虫寄生在鳃丝或鳍条上，一般影响不大，但是对于鱼苗或全长在 3 厘米以下的鱼种，则可能产生较大的影响，特别是寄生在嘴角、口唇或口腔里，就可能使鱼苗因不能摄食而饿死；寄生在鳃上，因妨碍呼吸，可引起窒息而死，往往可使病鱼头部出现红头白嘴现象。

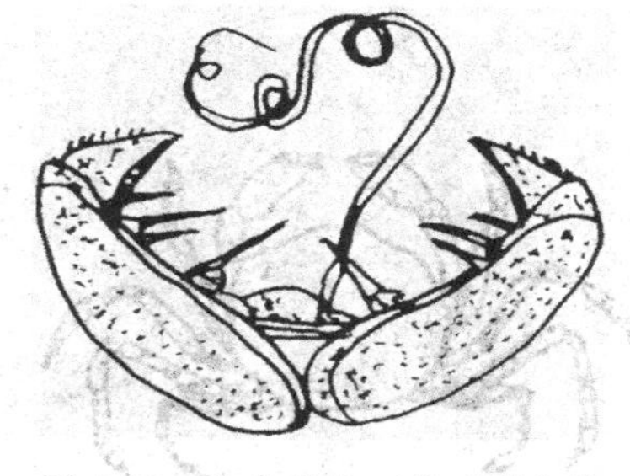
图 4-22 钩介幼虫（仿《湖北省鱼病病原区系图志》）

3. 流行特点

流行于春末夏初，每年在鱼苗和鱼种饲养期间，正是钩介幼虫离开母蚌，悬浮于水中的时候，故在此时常出现钩介幼虫病。

4. 危害情况

钩介幼虫对各种鱼都能寄生，但主要危害无鳞鱼及生活在较下层水体的鲤科鱼类。

5. 预防措施

① 用生石灰彻底清塘，杀灭蚌类。

② 鱼苗及鱼种培育池内不能混养蚌，进水须经过过滤，以免钩介幼虫随水带入饲养池。

6. 治疗方法

发病早期，将病鱼移至没有蚌及钩介幼虫的饲养池中，可使病情不进一步恶化，而逐渐好转。

七、豆蟹病的诊断及防治

1. 病原病因

中华豆蟹寄生在鱼体上而导致鱼发病（图 4-23 中华豆蟹）。

2. 症状特征

中华豆蟹寄生在软体动物的体内，损伤寄主的鳃、外套膜、消化腺和性腺，以吸食寄主的营养为生，导致养殖的软体动物瘦弱、贫血，体重减轻，严重时可导致软体动物死亡。

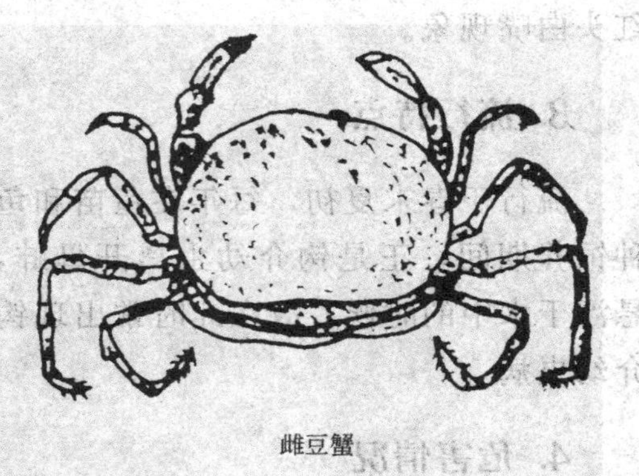

图 4-23　中华豆蟹（仿《浙江动物志》）

3. 流行特点

① 全国各海水养殖区域内均流行。
② 从 6 月下旬到 10 月下旬都流行，但主要流行期是在 7 月下旬到 9 月上旬。
③ 流行水温为 23～26℃。

4. 危害情况

① 主要危害养殖的软体动物，如贻贝、牡蛎等。
② 感染率可达 70%左右。
③ 寄生量超过 5 只时，可导致贻贝和牡蛎死亡。

5. 预防措施

创造条件，开展软体动物的秋苗春收养殖，从而错过豆蟹的繁殖季节，减少豆蟹的危害。

6. 治疗方法

目前没有很好的治疗方法，主要是以预防为主。

八、蟹奴的诊断及防治

1. 病原病因

蟹奴寄生（图 4-24 蟹奴）。

2. 症状特征

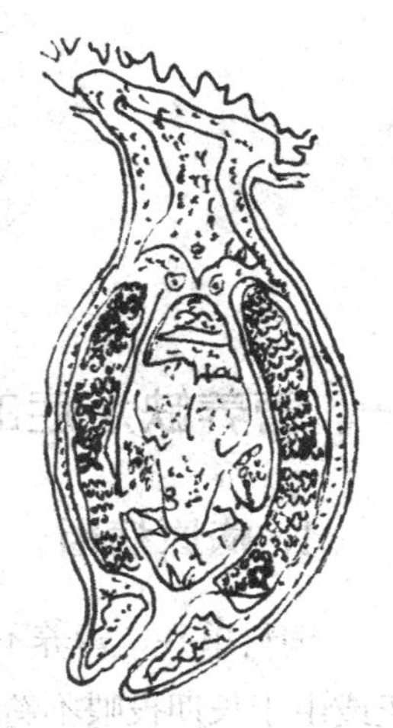

图 4-24　蟹奴

蟹奴幼虫钻进河蟹腹部刚毛的基部，生长出根状物，遍布蟹体外部，并蔓延到内部的一些器官，以吸收河蟹的体液作为营养物质。被蟹奴大量寄生的河蟹，肉味恶臭，不能食用，被称为“臭虫蟹”。

3. 流行特点

① 在全国河蟹养殖区均有感染。

② 从 7 月开始发病率逐月上升，9 月达到高峰，10 月份后逐渐下降。

③ 如果将已经感染蟹奴的河蟹移至淡水（或海水）中饲养，蟹奴只形成内体和外体，不能繁殖幼体继续感染。

4. 危害情况

① 在滩涂养殖的河蟹发病率特别高。

② 在同一水体中，雌蟹的感染率大于雄蟹。

③ 一般不会引起河蟹大批死亡，但影响河蟹的生长，使河蟹失去生殖能力，严重感染的蟹肉有特殊味道，失去食用价值。

5. 预防措施

① 用漂白粉、敌百虫、福尔马林等在投放幼蟹前严格清塘，杀灭蟹奴幼虫。

② 在蟹池中混养一定数量的鲤鱼，利用鲤鱼吞食蟹奴幼虫。

6. 治疗方法

① 经常检查蟹体，发现病蟹立即取出。

② 用 0.7 毫克/升硫酸铜和硫酸亚铁（5∶2）合剂泼洒全池消毒。

③ 用 10%的食盐水浸洗 5 分钟，可以杀死蟹奴。

第七节 营养性疾病

一、营养缺乏症的诊断及防治

1. 病原病因

饲料单一，营养不全面，饲料中脂肪氧化生成过氧化物，必需氨基酸长期缺乏或由于长期投喂不新鲜的饵料所致，连续摄食引起鱼肝脏代谢障碍所致。

2. 症状特征

病鱼游动缓慢，体色暗淡，食欲不振。有的眼睛突出，生长缓慢，大部分病鱼均患有脂肪肝综合征，若遇到外界刺激，如水质突变、降温、拉网等刺激，则应激能力差，会发生大批死亡。生长缓慢，经检查无寄生虫和细菌病，可确定为营养性疾病。

3. 流行特点

① 一年四季均可发生。
② 饲料中缺乏维生素而造成体表组织损伤，继发细菌感染导致溃疡。

4. 危害情况

① 可以危害所有的鱼。
② 情况严重时可导致鱼死亡。

5. 预防措施

① 平时注意加强保鲜，避免使用腐败变质或新鲜度差的饵料。
② 使用优质、配方合理的饲料。

6. 治疗方法

① 使用脂肪含量高的饲料，并添加维生素 C 和维生素 B。

② 在饲料中添加DL-蛋氨酸，混饲，添加量15～60毫克/千克体重（即0.5～2克/千克饲料）。

③ 在饲料中添加L-赖氨酸盐酸盐，混饲，添加量30～150毫克/千克体重（即1～5克/千克饲料）。

④ 在饲料中添加色氨酸，混饲，添加量15～60毫克/千克体重（即0.5～2克/千克饲料）。

⑤ 在饲料中添加苏氨酸，混饲，添加量6～600毫克/千克体重（即0.2～20克/千克饲料）。

二、鱼膘失调病的诊断及防治

1. 病原病因

饵料不足，夏秋季营养差，体内脂肪含量很少，降低了鱼体对低温的抵抗力，使体内鳔的功能失去调节能力，引起位置感觉失常，导致鱼膘失调病。

2. 症状特征

冬天气温下降，有些鱼七竖八横，侧卧池底，不死不活，用手触动它，懒洋地摆动几下尾鳍游起来，暂时能恢复正常的游动，但很快又侧卧于池底，不死亡。严重时，鱼体侧卧，一侧鳞片因摩擦而大量脱落，一到花开春暖时节，又能恢复正常游动。

3. 流行特点

这种病只在冬天才发生。

4. 危害情况

① 严重者可导致鱼死亡。

② 治愈之后，哪怕是显得很健康的鱼，也不能作繁殖亲鱼用。

5. 预防措施

① 增加鱼体营养。

② 在鱼越冬前，多投喂含脂肪高一点的动物性活饵料。

6. 治疗方法

将病鱼集中起来管理，提高水温，勤投饵料，病鱼很快恢复正常。

三、消化不良的诊断及防治

1. 病原病因

水温低、环境突变时投食过多或夜间、运输过程中喂食易患此病。

2. 症状特征

病鱼食欲不振，大便不通，腹部发胀，易引发肠炎，大便长期不脱落。腹壁充血，肛门微红，压之有流出黄水等现象，不久即会死亡。

3. 流行特点

① 春秋换季时易常见。

② 所有的鱼，都有可能患上消化不良。

4. 危害情况

① 情况严重时可导致死亡。

② 可并发肠炎。

5. 预防措施

温度低时，应适当提高温度。

6. 治疗方法

① 将患病鱼移入清水中，停止喂食。

② 并发肠炎时，可用土霉素、庆大霉素等治疗。

③ 加入少量氟哌酸（即 50 千克水中投药 0.1～0.2 克）或用复方新诺明（按 50 千克水中投药 0.1～0.2 克）。

四、背脊瘦弱病的诊断及防治

1. 病原病因

主要是因饲育不当引起，如投喂过多的高脂肪饵料或变质饵料，使鱼体吸收功能受阻。

2. 病症特征

鱼体消瘦，沿着背鳍的背部肌肉瘦弱凹陷，食欲不振，抵抗力弱，易发生皮肤病。

3. 流行特点

一年四季均可流行。

4. 危害情况

① 对所有的鱼均可感染。
② 严重时可致鱼死亡。

5. 预防措施

改善鱼的水质环境。

6. 治疗方法

治疗困难，应在饵料中不定期地加入维生素 E 予以预防。

五、萎瘪病的诊断及防治

1. 病原病因

① 放养量过大、饵料不足或越冬前饲养管理不好。
② 冬季低温期过长，鱼体长时间未摄食，消耗体内营养过多，因此，越冬后期的鱼体容易发生此病。

2. 症状特征

病鱼体色发黑、消瘦、背似刀刃，鱼体两侧肋骨可数，头大。鳃丝苍白，严重贫血，游动无力，严重时鱼体因失去食欲，长时间不摄食，衰竭而死。

3. 流行特点

在秋末、冬春季为主要发病季节。

4. 危害情况

① 危害越冬的鱼。

② 不同规格的鱼未及时分池，致使小规格的鱼因摄食不到足够的食物也可能导致此病的发生。

5. 预防措施

越冬前加强管理，投喂足够饵料，使体内积累足够越冬的营养，避免越冬后鱼体过度消瘦。

6. 治疗方法

发现病鱼及时适量投喂鲜活饵料，在疾病早期使病鱼恢复健康。

及时按规格分池饲养，投喂充足饵料。

六、跑马病的诊断及防治

1. 病原病因

主要是由于池塘中缺乏适口饲料，有时可能是因为饲养池漏水，影响水中肥度，鱼体长期顶水，体力消耗过大，也会引起跑马病。

2. 症状特征

病鱼围绕池边成群地狂游，呈跑马状，即使驱赶鱼群也不散开。最后鱼体因大量消耗体力，消瘦，衰竭而死。

3. 流行特点

该病多发于春末和夏初的鱼苗种培育季节。

4. 危害情况

可造成鱼苗、鱼种的大批死亡。

5. 预防措施

① 鱼苗的放养量不能过大，如果放养密度过大，应适当增加投饲量。
② 饲养池不能有渗漏现象。
③ 鱼苗饲养期间，应投喂适口饵料。

6. 治疗方法

① 发生跑马病后，如果不是由车轮虫等寄生虫引起的，可采用芦席从池边隔断鱼群游动的路线，并投喂豆渣、豆饼浆或蚕粕粉等鱼苗喜食饵料，不久即可制止其群游现象。

② 可将饲养池中的苗种分养到已经培养出大量浮游动物的饲养池中饲养。

七、脊柱弯曲病的诊断及防治

1. 病原病因

可能是由于稚鱼期使用药物不当、水质不良加上运动量不足或营养不良造成。

2. 症状特征

病鱼的脊柱弯曲成S形，有时鱼的鳃盖骨凹陷或嘴部、上下颚、鳍条等都出现畸形。

3. 流行特点

一年四季均可流行。

4. 危害情况

主要危害鱼的幼鱼。

5. 预防措施

① 改善营养，保证营养均衡而充分。

② 保持水质清洁。

③ 精选种鱼，凡患有弯体病的鱼，都不宜留作亲鱼。

6. 治疗方法

① 加强孵化管理，严防多种因素使鱼中毒。

② 用食盐加抗生素治疗。

八、脂肪过多症的诊断及防治

1. 病原病因

摄食过多，运动量不足。

2. 症状特征

鱼体侧过于肥胖，运动不便。有的鱼由于脂肪过多而会在体侧一边长出脂肪肿瘤。

3. 流行特点

一年四季均可流行，但在鱼摄食高峰期更常见。

4. 危害情况

① 脂肪多会使鱼寿命减短。

② 虽然不会死亡但会造成雌鱼无法产卵。

5. 预防措施

每周选 1～2 天停食。

6. 治疗方法

增加鱼的运动量。

九、鳖脂肪代谢不良病的诊断及防治

别名：脂肪代谢障碍、脂肪肝。

1. 病原病因

脂肪在空气中容易氧化酸败，产生毒性，如果长期过量投喂腐烂变质的饵料，如干蚕蛹、鱼贝虾肉等，使鳖偏食，导致这类饵料中含有的变性脂肪酸在体内积累，造成代谢机能失调，肝肾机能障碍，逐渐诱发病变。此外，饲料中如长期缺乏某些维生素也是该病发生的原因之一。

2. 症状特征

病鳖背甲失去光泽，四肢基部柔软无弹性，外观变形。病情严重的鳖体浮肿或极度消瘦，浮肿的鳖身体隆起较高，腹甲暗褐色，有明显的绿色斑纹，四肢、颈部肿烂，表皮下出现水肿。消瘦的鳖甲壳表面和裙边形成皱纹。此病鳖体质不易恢复，逐渐转变为慢性病，最后停食而死亡。

3. 流行特点

每年的6～9月鳖的摄食高峰期最易发生。

4. 危害情况

① 脂肪代谢不正常，导致鳖的体内脂肪储存过多，会使鳖的寿命减短。

② 会造成雌鳖产卵受阻。

③ 代谢不良也会导致鳖的体质瘦弱。

5. 预防措施

① 动物性及植物性饲料要搭配投喂，保持供给新鲜饵料。不要投喂高脂肪、腐烂变质、储存过久的饲料。

② 按每 100 千克饲料加入鱼肝宝 100 克＋三黄粉 25 克＋芳草多维 50 克或芳草 Vc50 克内服，每日 2 次，连投 3 天。

③ 饵料中适量加添维生素 B、维生素 C、维生素 E，可预防此病。

6. 治疗方法

按每 100 千克饲料加入鱼病康 400 克＋三黄粉 50 克＋芳草多维 100 克或芳草 Vc100 克内服，每日 2 次，连投 5～7 天。

第八节　其他原因导致的疾病

一、感冒和冻伤的诊断及防治

1. 病原病因

水温骤变，温差达到 3℃以上，鱼突然遭到不能忍受的刺激而发病。

2. 症状特征

鱼停于水底不动，严重时浮于水面，皮肤和鳍失去原有光泽，颜色暗淡，体表出现一层灰白色的翳状物，鳍条间粘连，不能舒展。病鱼没精神，食欲下降，逐渐瘦弱以致死亡。

3. 流行特点

① 在春秋季温度多变时易发病。

② 夏季雨后易发病。

4. 危害情况

① 幼鱼易发病。

② 当水温温差较大时，几小时至几天内鱼体就会死亡。

③ 当长期处于其生活适温范围下限时，会引起鱼发生继发性低温昏

迷；长期处于低温下时，还可导致鱼体被冻死。

5. 预防措施

① 换水时及冬季注意温度的变化，防止温度变化过大，可有效预防此病，一般新水和老水之间的温度差应控制在2℃以内，换水时宜少量多次地逐步加入。

② 对不耐低温的鱼类应该在冬季到来之前移入温室内或加温饲养。

6. 治疗方法

适当提高温度，用小苏打或1%的食盐溶液浸泡病鱼，可以渐渐恢复健康。

二、浮头和泛池的诊断及防治

别名：缺氧

1. 病原病因

由于养殖密度过大、投饵施肥较多、长期未换水或气候变化等多种原因，另外鱼类和浮游生物、底栖动物、好气性细菌等呼吸都需要氧，同时它们排泄的粪便、未吃完的残饵和其他有机物质的分解过程中也要消耗大量的氧，这样就造成水中溶氧量不足。

还有一种原因是我们平时不太注意的，就是水质恶化，或施用了大量未经发酵的有机肥。或池底淤泥太多，水质过肥，或因夏季水温较高，遇到暴雨和降温，使表层水温急剧下降，温度低的水比重较大会下沉，而下层水因温度高、比重小而上浮，形成上下水层的急速对流。上层溶氧高的水下沉后即被下层水中有机物消耗，下层的低溶氧水升到上层后，溶氧又得不到及时的补充，使整个水体上下层的溶氧都大量减少，这样就会引起鱼类缺氧浮头。

2. 症状特征

鱼被迫浮于水面，头朝上努力用嘴伸出水面吞咽空气，这种现象叫浮头。水体中缺氧不严重时，鱼体遇惊动立即潜入水中；若水质恶化，导致

缺氧严重时，鱼体浮在水面，受惊也不会下沉。当水中溶氧降至不能满足鱼的最低生理需要量时，就会造成泛池，鱼和其他水生动物就会因窒息而死。经常浮头的鱼会产生下颚皮肤突出的畸形。泛池将会给渔业生产造成毁灭性的损失，所以日常管理中应防止池鱼浮头和泛池。

3. 流行特点

① 夏季易发生，尤其是阴雨天的早晨更容易发生。

② 浮头、泛池多发生在密养条件下。

4. 危害情况

① 饲养水体中长期或经常处于低溶氧状态，鱼即使不死亡，也会影响其生长发育。

② 如果长期管理不善，因浮头而死亡所造成的损失，往往较其他鱼病的损失更大。

5. 预防措施

① 定期换冲水，清除残饵。

② 饲养中严格控制鱼的放养密度，尽量稀养。

③ 合理开动增氧机进行机械增氧。

④ 加强预测和观察。预测鱼浮头的方法有很多，一般是从日常管理中，加强巡塘即能及时发现，避免损失。

可以根据季节预测：一般在4～5月份，水质转肥后容易发生浮头，夏季水温较高、冬季连续晴天突遇寒潮降温也易发生浮头。

根据气候情况预测：天气闷热、大气压力低时容易浮头。阴雨天或雷阵雨时、无风或天气突然转阴时也易浮头。

根据水的颜色预测：水色变浓混浊，透明度小，水面出现气泡和泡沫，水温较高，水体中大量的有机物分解，产生有毒气体，或者水体中的浮游生物大量死亡腐烂，在这些情况下最容易引起鱼类的严重浮头甚至泛池。

还可以根据鱼的吃食情况和活动情况预测：如果鱼的吃食量突然减少，又无疾病，就可能是水质已开始恶化，水中缺氧，鱼类将发生浮头。如果鱼类集群在水体上层活动，又无一定的游动规律，表现为散乱缓慢游动，这表明水体的深层已发生缺氧，鱼类出现了“暗浮头”现象。巡塘工作中，还应加强夜间的观察，因夜间池水的溶氧量较低。如果有鱼受惊跳动，或池边有小鱼、小虾游动，表明水的溶氧不足，鱼类发生了“轻浮头”现象。

⑤ 及时清除淤泥，每年春天清塘时应清除池底过多的淤泥（只保留10～20厘米），就是应首先注意的一条措施。

⑥ 科学放养和施肥，在鱼种放养时，要做到合理密养，特别是实行轮捕轮放的池塘，一定要放部分大规格鱼种，使它们在盛夏来临前就达到商品鱼规格出售，减少池塘的负荷。日常管理中应做到科学地施肥投饵，及时清除残草、剩渣，定期搅动底泥，使底泥中的有害气体及时排除。

⑦ 可定期施用生石灰、改良水质条件。在浮游动物过多时，可以按每立方水体使用0.4克的晶体敌百虫将它们杀死，减少氧的消耗。同时追施化肥，增养浮游植物，增加氧的生产量。

6. 治疗方法

① 遇到天气闷热，发生突然变化时，应减少投饵量，并适时加注新水或开动气泵，利用增氧机对池水进行快速增氧，这也是解救鱼类浮头的有效措施。

② 池鱼发生浮头时要马上采取积极有效的增氧措施。如果有多口池鱼出现浮头时，要先判断每口鱼塘浮头的严重程度，首先治理浮头较严重的池塘，然后再治理浮头较轻的池塘。从发生浮头到严重浮头的间隔时间与当时的水温有密切的关系。水温越高，间隔的时间越短，水温越低，间隔的时间越长。一旦观察到池鱼已有轻微浮头时，应利用这段时间尽快采取增氧措施。用水泵抽水，使相邻两口鱼池的水形成对流循环。将水从一口鱼池抽入另一口鱼池中，同时在池埂上开一个小缺口，当相邻鱼池的水位升高后会流回原池中。这种循环活水的增氧方式操作方便，效果也不错。

③ 常注入部分新水，排除部分老水，这种方法最为有效。

④ 如果水源不方便，又无增氧设施，可施过氧化钙、双氧水等化学增氧剂进行增氧。如无化学增氧剂，可向池水中泼洒黄泥食盐水：每667米^{2}池塘用黄泥10千克，加水调成泥浆，再加适量食盐，拌匀后全池泼洒。这种方法也有一定的效果。

⑤ 若发生泛池死鱼现象，不要急于捞死鱼，以免其他鱼受惊挣扎窜游，增大耗氧量，加速死亡。

三、气泡病的诊断及防治

别名：烫尾病

1. 病原病因

此病由于水中溶氧或氮气过饱和引起。

2. 症状特征

病鱼体表、鳍条（尤其是尾鳍）鳃丝、肠内出现许多大小不同的气泡，身体失衡，尾上头下浮于水面，无力游动，无法摄食。鱼体上出现了气泡病，如不及时处理，病鱼体上的微小气泡能串连成大气泡而难以治疗。在鱼的尾鳍鳍条上有许多斑斑点点的气泡，小米粒大。严重时尾鳍上既有气泡，还有像血丝样的红线。如鱼体再有外伤，伤口会红肿、溃烂、感染疾病。有时胸鳍和背鳍也布满气泡，管理不当，也会造成死亡。

3. 流行特点

① 多发于春末及夏季的高温季节。

② 在夏季，持续高温，鱼池水温增高，水质过肥，池水变成绿色，浮游植物或青苔或藻类过多，光合作用过于旺盛，大量释入氧气，由于水中溶解氧过度饱和，大量氧气形成微型气泡。

4. 危害情况

① 鱼尾烫过 2~3 次之后，大尾鳍就变成小尾了，甚至变成了秃尾。

② 鱼苗发生气泡病时，在短时间内可大批死亡。

5. 预防措施

① 注意水源，不用含气泡的水，用前须经过充分曝气。

② 池中腐殖质不应过多，不用未经发酵的肥料。

③ 掌握投饵量和施肥量，注意水质，不使浮游植物过多。

④ 保持水质新鲜，可有效预防此病。

6. 治疗方法

① 发病时立即加注新水，排除部分原池水，或将鱼移入新水中静养一天左右，病鱼体上的微小气泡可以消失。

② 患有外伤，可在伤口涂抹红汞水，并在消毒池中浸泡5～6分钟，2～3天就能恢复原状。

③ 食盐全池泼洒，每亩水深1米，用量2～3千克。

④ 每667米^{2}用艾、牡荆各1千克，煎汁，加食盐1千克，全池泼洒，连续2次。

⑤ 已发生了气泡病，可迅速冲注新水，每667米^{2}水深0.66米时，可用生石膏4千克，车前草4千克，与黄豆打成浆，全池泼洒。

四、机械损伤的诊断及防治

1. 病原病因

因使用的工具不合适，或换注水时操作不慎，鱼体受到挤压或运输时受到强烈而长期的振动，都会使鱼体受到机械性损伤。

2. 症状特征

鱼受到机械的损伤，而引起鱼不适甚至受伤死亡，有时候虽然伤得并不厉害，但因为损伤后往往会继发微生物或寄生虫病，也可引起后续性死亡，鱼体的鳞片脱落、鳍条折断、皮肤擦伤、出血，严重时还可以引起肌肉深处的创伤。鱼失去正常的活动能力，仰卧或侧游于水面。

3. 流行特点

一年四季均可。

4. 危害情况

① 鱼体受到损伤后，严重的可以引起立即死亡。

② 鱼体受到压伤后，可能会导致该部分皮肤坏死。

③ 机械损伤后的鱼体容易受微生物感染，发生继发性疾病而加速死亡。

5. 预防措施

① 改进饲养条件，改进渔具和容器，尽量减少捕捞和搬运，而且在捕捞和搬运时要小心谨慎操作，并选择适当的时间。

② 室外越冬池的底质不宜过硬，在越冬前应加强育肥。

6. 治疗方法

① 在人工繁殖过程中，因注射或操作不慎而引起的损伤，对受伤部位可采用涂抹金霉素或稳定性粉状二氧化氯软膏，然后浸泡在浓度为 2 毫克/升四环素药液中，对受伤较严重的鱼体也可以肌肉注射链霉素等抗生素类药物。

② 将病鱼泡在四环素、土霉素、青霉素等稀溶液里进行药浴，浓度 1～2 毫克/升。

③ 直接在外伤处涂抹红药水（应避免涂在眼部），每天 1～2 次。

五、意外中毒的诊断及防治

1. 病原病因

多属农药中毒，另外也可能是受到某种污染而导致鱼死亡。

2. 症状特征

鱼鳃发黑，身体基本上无破损现象，多是急性死亡。

3. 流行特点

一年四季均可。

4. 危害情况

可导致鱼大量死亡。

5. 预防措施

① 在鱼病治疗期间乱用药物或治疗用药不当等。

② 严格按规范使用水产杀虫药物，并注意这些药物的配伍禁忌。

6. 治疗方法

① 用药期间密切观察鱼的状态，一旦发现中毒现象，应查明原因，大量换水，引进洁净水源稀释养殖池内的药物浓度，同时采取增氧措施。

② 有机磷农药中毒时，治疗原则以切断毒源，阻止或延缓机体对毒物的吸收，排出毒物，应用特效解毒药和对症治疗为主。

③ 采用特效的解毒药，如可采用活性炭、硫酸阿托品、氯解磷定、双解磷定等，并结合施用葡萄糖、电解多维、甘草等具有辅助疗效的药物。

④ “池塘解毒宝”或“水体解毒安”，一次量，每 1 米^3，各 0.75 克，全池泼洒；同时使用“泼洒型应激宁”或“氨基酸葡萄糖”，一次量，每 1 米^3 水体，各 0.75 克。（珠江水产研究所水产药物实验厂）

⑤ 高稳 V_c、硫酸新霉素（10%），一次量，每 1 米^3 水体，分别为 8～10 克和 40 克，混合，药浴 1 小时后排水。（太原神龙）

六、有害物质致病的诊断及防治

1. 病原病因

有害物质主要是汞、铅、锌、镉、砷等其他重金属中毒导致。水体中氨氮严重超标也可导致疾病发生。

2. 症状特征

病鱼出现体表和鳃瓣充血，鳃盖畸形现象，有些幼鱼的鳃盖出现大面积缺损。一些组织发生炎症损害，鳃有肿块，鳃腔堵塞，出现急游或侧游。血管扩张、充血、红细胞数下降，长期接触会造成慢性中毒，使鱼分泌黏液增多，引起局部炎症，受到汞影响的胚胎，其鱼苗可能出现畸变。

3. 流行特点

一年四季均可。

4. 危害情况

可导致鱼死亡。

5. 预防措施

① 选择良好养殖水域。

② 定期投放硝化细菌，降解氨氮。

③ 铅对虾的危害严重，养虾水域铅含量不得超过0.05毫克/升。

6. 治疗方法

① 立即换水。

② 开动增氧机进行机械增氧。

③ 硫代硫酸钠，1次量1～2克/米^{3}水体，连用2次。排换水后，全池泼洒增氧剂。

④ 针对不同的中毒，采取不同的治疗方法。

汞：驱汞疗法。用特异性解毒药物二巯基丁二酸钠或二巯基丙磺酸钠治疗。最初几天剂量较大，以后逐渐减少剂量，根据病情需要用药3～7天。也可向水体泼洒螯合剂沉淀游离的汞元素，并结合排换水净化养殖水环境。

锌：对症治疗，保护肝肾功能。

镉：向饲料中添加亚硒酸钠对预防和治疗慢性镉中毒有一定效果。适当提高饲料中Ca、Fe、Cu、Se、维生素C以及植酸酶和粗蛋白的含量，可以一定程度上降低镉在动物体内的蓄积和毒性作用。

铅：立即排换水，用二硫丙醇、葡萄糖、活性炭进行治疗。

⑤ 水产专用维生素C、维生素E，一次量，每1米^{3}水体，0.5克，全池泼洒一次；第二天，肥水宝二号和益生活水素，一次量，每1米^{3}水体，1克和0.5克；同时用水产专用维西和尚肝宁，每1千克饲料，2克和4克；拌饲投喂，1天1次，连用5天。(北京伟嘉)

⑥“排毒养水宝”或“绿水宝”，一次量，每1米^3，各0.75克，全

池泼洒；同时使用“泼洒型应激宁”或“氨基酸葡萄糖”，一次量，每1米^{3}水体，各0.75克，效果佳。(珠江水产研究所水产药物实验厂)

七、罗氏沼虾肌肉变白坏死病的诊断及防治

1. 病原病因

由于盐度过高，密度过大，温度过高，水质受污染，溶氧过低等不良环境因子的刺激而引起。特别是以上因素突变时易发此病。

2. 症状特征

起初只是尾部肌肉变白，而后虾体前部的肌肉也变白。患此病的沼虾，甲壳变软，生长慢，死亡率高。在盐度35‰的水中，肌肉变白后的仔虾，1天左右就死亡。病虾初期腹部1～6节出现轻度白浊，斑状，以后向背面扩伸，肌肉色泽混浊，肌肉细胞成批坏死。虾在死亡之前，肌肉松软，头胸部与腹部分离。

3. 流行特点

① 全国各地均能发生。

② 个体较大的雄虾发生肌肉坏死病可能与龄大及生理因素有关。

4. 危害情况

① 主要危害罗氏沼虾的仔虾和稚虾。

② 可引起罗氏沼虾的大批死亡。

5. 预防措施

① 控制放养密度。

② 养殖池塘在高温季节要防止水温升高过快或突然变化，应经常换水，注入新水及增氧。

6. 治疗方法

此病无法用药物治疗。在发病初期要找出致病因子，迅速消除不良的

环境因子。改善环境条件，保持水质良好能预防此病发生。

八、鳖白斑病的诊断及防治

1. 病原病因

① 通常水质偏酸、溶氧偏低、放养密度每平方米大于50只较易患该病。

② 在人工养鳖池中最容易感染此病，尤以捕捉、搬运过后的鳖最易发病。

2. 症状特征

先是在鳖的四肢、裙边等处出现白点，随病情恶化而逐渐扩展成一块块的白斑，表皮坏死，部分崩解。

3. 流行特点

常年均可流行，尤其是8～10月更流行，病程为5～15天。

4. 危害情况

病鳖食欲减退，影响生长，在越冬期间能使稚鳖死亡。

5. 预防措施

① 适宜的放养密度是每平方米内前期稚鳖不应超过50只，饲养时间不应超过30天。

② 改良水质，pH值保持7.2以上，溶氧保持3～4毫克/升。

③ 用生石灰彻底清塘，保持水体清洁呈浅绿色。

④ 在捕捉、运输、放养过程中，要细心操作，防止损伤鳖体。

⑤ 这种霉菌在流水池的清新水中有迅速繁殖的倾向，而放入肥水池中的鳖则很少发生此病，因此保持水肥而爽，可以减少此病发生。

6. 治疗方法

① 用0.04%的食盐加0.04%的小苏打合剂全池泼洒防治。

② 发现受伤的鳖或病鳖，立即隔离。并用1%的金霉素软膏或磺胺软膏涂患处。

③ 用15毫克/升的二氧化氯溶液洗浴病鳖10～20分钟。

④ 用500毫克/升的食盐和500毫克/升的小苏打合剂全池泼洒，可防治白斑病。

⑤ 用三氯异氰脲酸1.5～2.5毫克/升浓度全池遍洒。

⑥ 用白斑灵防治，用2～4毫克/升浓度全池遍洒，连续用药3天，再用此药投喂，每50千克稚鳖每天用药1～2克，连续用药5～7天，治愈率可达95%。

九、鳖白眼病的诊断及防治

1. 病原病因

由于放养过密、饲养管理不善、水质恶化、尘埃等杂物入眼等诱因引起。

2. 症状特征

病鳖眼部发炎充血，眼睛肿大，眼角膜和鼻黏膜因炎症而糜烂，眼球外表被白色分泌物盖住。

3. 危害情况

严重时病鳖眼睛失明，最后瘦弱而死。

4. 流行特点

发病季节是春季、秋季和冬季，而以越冬后的鳖出温室一段时间为流行盛期。

5. 预防措施

① 加强饲养管理。越冬前后喂给动物肝脏，加强营养，增强抗病力。

② 加强池塘消毒，每5～7天用5毫克/升的漂白粉遍洒一次。

6. 治疗方法

① 二氧化氯或三氯异氰脲酸浸洗，稚鳖 20 毫克/升，幼鳖 30 毫克/升，连续浸洗 3～5 天。

② 注射链霉素 20 万单位/千克体重。

十、龟鳖冬眠死亡症的诊断及防治

1. 病原病因

病原不详。病因与冬季温度过低有关。

2. 症状特征

病龟病鳖瘦弱、四肢疲弱无力、肌肉干瘪。用手拿龟鳖，感觉龟鳖体重较轻。

3. 流行特点

冬季，尤其是温度低于−5℃时，更易发病。

4. 危害情况

可危害越冬的龟鳖，尤其是幼龟幼鳖。

5. 预防措施

① 冬眠前，进行秋季强化培育，增加投喂量，在饲料中加入动物肝脏、营养物质和抗生素类药物，如多种维生素粉、维生素 E 粉、土霉素粉等。

② 采取防寒保温措施，越冬池水温保持在 10℃左右。

6. 治疗方法

尚无有效治疗方法，以预防为主。

十一、泥鳅白身红环病的诊断及防治

1. 病原病因

因泥鳅捕捉后长期蓄养所致。

2. 症状特征

病鱼体表及各鳍条呈灰白色，体表出现红色环纹，严重时患处溃疡。此病系因捕捉后长时间流水蓄养所致。

3. 流行特点

① 全国各地均有此病发生。

② 3～7 月是流行高峰期。

4. 危害情况

① 主要危害成鳅。

② 严重时可引起泥鳅死亡。

5. 预防措施

① 泥鳅放养后用 0.2 毫克/升的二氧化氯泼洒水体。

② 鳅泥要用生石灰彻底清塘。

6. 治疗方法

① 一旦发现此病，立即将病鳅移入静水池中暂养一段时间，能起到较好效果。

② 放养前用 5 毫升/升的二氧化氯溶液浸泡 15 分钟。

③ 将 1 千克干乌桕叶（合 4 千克鲜品）加入 20 倍重量的 2%生石灰水中浸泡 24 小时，再煮 10 分钟后带渣全池泼洒，使池水浓度为 4 毫克/升。

十二、黄鳝发烧病的诊断及防治

1. 病原病因

主要是由于高密度养殖或密集式运输时，鳝体表面所分泌的大量黏液，在水体中微生物作用下，聚积发酵加速分解，而消耗水中溶氧并产生大量热量，使水温骤升，溶氧降低而引发。

2. 症状特征

黄鳝体表较热，焦躁不安，相互纠缠在一起形成一个团块状，体表黏液脱落，池水黏性增加，头部肿胀，可造成大批死亡。

3. 流行特点

① 全国各地养鳝地区均发病。

② 多发于7～8月。

4. 危害情况

主要危害成鳝。

5. 预防措施

① 夏季要搭棚遮阴，勤换水，及时清除残饵。

② 降低养殖密度，鳝池内可搭配混养少量泥鳅，以吃掉残饵，维持良好水质，泥鳅的上下游窜可防止黄鳝相互缠绕。

③ 在运输或暂养时，可定时用手上下捞抄几次。

6. 治疗方法

① 黄鳝发病后，立即更换新水。

② 在池中用 0.7×10^{-6} 的硫酸铜和硫酸亚铁合剂泼洒（两者比例5∶2）。

③ 发病后可用0.07%浓度的硫酸铜液，按每立方米水体5毫升的用量泼洒全池。

④ 每立方水体用大蒜100克＋食盐50克＋桑叶150克捣碎成汁均匀泼洒鳝池内，每天2次，连续2～3天。

十三、对虾夜光藻荧光病的诊断及防治

1. 病原病因

夜光藻。

2. 症状特征

在水的上层集中，在夜间看到池水中类似点点星光的荧光。虾体不发光。病虾游动缓慢，反应迟钝，食欲减退或不摄食，呼吸困难，常在水面无方向地漫游或在池边浅水处不动，最后窒息死亡。

3. 流行特点

5～8月是流行旺季。

4. 危害情况

可直接导致对虾死亡。

5. 预防措施

① 改良底质，加强水质管理。

② 放养密度要合理，换水要适量，不能大排大灌，要保持藻相平衡。

③ 要注意选择名牌饲料，保证饲料质量，必要时，可在饲料中添加含钙、磷、复合维生素等物质。

6. 治疗方法

① 全池泼洒农康宝1号0.2毫克/升，三天后使用池底改良活化素20千克/667米^2·米＋复合芽胞杆菌250毫米/667米^2·米。

② 内服药饵，配方是用鱼虾5号0.1%、虾蟹脱壳素0.1%、虾康宝0.5%、Vc脂0.2%、抗病毒口服液0.5%、营养素0.8%配制而成，日投喂一次，7天为一疗程。

③ 用 200 毫克/升福尔马林溶液每日浸浴 30 分钟。

十四、虾类鳃病的诊断及防治

罗氏沼虾、青虾、小龙虾、对虾等常见养殖虾类的鳃病很多，主要有烂鳃病、黄鳃病、红鳃病、白鳃病等，由于它们的预防措施和治疗方法基本上相同，所以我们就将它们放在一起来表述。

1. 病原病因

① 烂鳃病：主要因真菌或细菌感染并侵入鳃部组织，或由水质、底质差引起。

② 红鳃病：是由于虾池长期缺氧及某种弧菌侵入虾体血液内而引起的全身性疾病。

③ 白鳃病：本病多发生在藻类大量繁殖、池水 pH 值超过 9.5、透明度小于 30 厘米和长期不换水、造成水质败坏的池塘。

④ 黄鳃病：藻类寄生，也可能是细菌感染。

2. 症状特征

① 烂鳃病：虾的鳃部变红或变黄，鳃部肿大，鳃丝组织糜烂，并附有大量污物。罗氏沼虾摄食量下降，残食现象增加，肠道无食物。濒临死亡的虾呈淡蓝色，体表出现黑色斑点，鳃腐烂变黑。

② 虾体附肢变成红色或深红色，身体两侧变成白色，腹部浊白。病虾鳃部由黄色变成粉红色至红色，末期虾体变红，鳃丝增厚，鳃丝加大。显微镜下观察可见鳃部有树枝状红色素。

③ 白鳃病：病虾鳃部明显变白，鳃丝增生，鳃叶明显变大，严重时鳃叶外裸于头胸甲的下缘，或鳃甲鼓起。

④ 黄鳃病：病虾初期鳃部为淡黄色，中期鳃部呈橙黄色，后期为土黄色，个别虾附肢发红，尾扇呈青绿色，行动呆滞，不摄食。

3. 流行特点

该病主要发生在虾的幼体期，蔓延速度最快。

4. 危害情况

从发病到死亡只有3～4天，死亡率达到100%。

5. 预防措施

① 用“富氯”0.2毫克/升全池均匀泼洒，每3天一次。
② 用“虾健康2号”，以1.5%用量加于饲料中，每10天使用一次。

6. 治疗方法

① 采用二氧化氯2～3毫克/升溶液浸浴，连续使用2～4次即可治愈。
② 用“虾健康1号”以1%添加于饵料中，连用2～4天即可控制病情，建议用到不再发生死虾时止。

十五、罗氏沼虾白虾病的诊断及防治

1. 病原病因

环境导致，如水温变化过大或操作不当引起。

2. 症状特征

初期只是头胸甲部分变白，以后白化部分逐渐扩展到整个头胸甲，表皮失去色素，外壳逐渐变软，中胸腺发生萎缩。

3. 流行特点

发生在从养殖池塘挑选亲虾入室内越冬池不久。

4. 危害情况

本病以雌虾患病居多，所以主要是危害雌虾。

5. 预防措施

① 挑选亲虾时要小心操作，环境变化不宜过大。
② 投喂优质饲料，改善养殖环境。

6. 治疗方法

① 将病虾隔离饲养，加强培育，提高水温，促进亲虾蜕壳。

② 每万尾每667米^{2}每天用土霉素2克，并添加适量维生素C和维生素E投喂，连喂5～7天为一个疗程。

③ 使用中水菌毒双效宁0.3毫克/升全池泼洒，连用两次，同时在每千克饲料中添加复合维生素C、维生素E 2克，连用5～7天为一个疗程。

十六、虾壳病的诊断及防治

罗氏沼虾、青虾、小龙虾、对虾等常见养殖虾类的虾壳病有好几种，主要有蜕壳困难症、软壳病和硬壳病等几种。

1. 病原病因

① 蜕壳困难症：病因尚不太清楚，可能是营养性导致的疾病。

② 软壳病：主要可能是池塘水质老化，有机质过多，或放养密度过大，pH值低及营养长期不足，水质恶化。

③ 硬壳病：可能由于营养不良，水草大量繁殖，水质中钙盐过高或池底水质不良，或疾病感染，附生藻类或纤毛虫等引起。

2. 症状特征

① 蜕壳困难症：罗氏沼虾不能顺利蜕壳或畸形而致死。

② 软壳病：病虾甲壳明显变软，体形消瘦，活动减弱，生长缓慢，并有死亡现象。

③ 硬壳病：全身甲壳变硬，有明显粗糙感，虾壳无光泽，呈黑褐色，生长停滞，有厌食现象。

3. 流行特点

全国各地均有流行。

4. 危害情况

轻者影响罗氏沼虾、青虾、小龙虾等的蜕壳与生长，严重者可引起它们的死亡。

5. 预防措施

① 在饵料中添加藻类或卵磷脂、豆腐均可减少该病发生，也可在虾饵中添加蜕壳素来预防。

② 换池或供应优质饲料及改善水质。

③ 当水质或池底不良时，应先大量换水或换池。

6. 治疗方法

用浓度为 5 毫克/升的茶粕浸浴，再调节温度、盐度以刺激蜕壳。

第九节　敌害类疾病

一、鱼类常见敌害的防治

在鱼类养殖中，敌害类也是我们必须预防的很重要的一类病害，这是因为一部分敌害是疾病的传播源，另一部分敌害是其他寄生虫病的中间寄主，而更重要的则是许多敌害本身就对养殖鱼类造成巨大的危害，例如吞噬鱼苗等，因此是水产养殖上必须清除的对象。

1. 甲虫的防治

甲虫种类较多，其中较大型的体长达 40 毫米，常在水边泥土内筑巢栖息，白天隐居于巢内，夜晚或黄昏活动觅食，常捕食大量鱼苗（图 4-25 甲虫）。

防治方法是：

① 生石灰清塘，以水深 1 米计每亩水面施生石灰 75～100 千克，溶水全池泼洒；

② 用 0.5 毫克/升的 90%晶体敌百虫全池泼洒。

2. 龙虾的防治

龙虾是一种分布很广、繁殖极快的杂食性虾类，在鱼苗池中大量繁殖时既伤害鱼苗又吞食大量鱼苗，危害特别严重，必须采取有效措施加以防治（图 4-26 小龙虾）。

图 4-25 甲虫

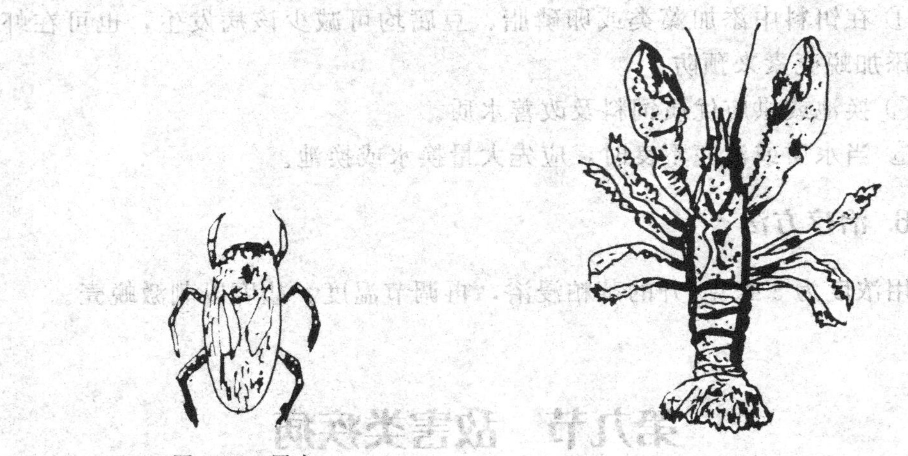

图 4-26 小龙虾

防治方法是：

① 生石灰清塘，以水深 1 米计 667 $米^2$ 水面施生石灰 75～100 千克，溶水全池泼洒。

② 发生危害时用速灭杀丁杀灭，以水深 1 米计每 667 $米^2$ 水面用 20% 速灭杀丁 2 支溶水稀释，再加少量洗衣粉于溶液中充分搅匀，全池泼洒效果很好。

3. 水斧虫的防治

水斧虫扁平细长，体长 35～45 毫米，全身黄褐色。它以口吻刺入鱼体吸食血液为生而致鱼苗死亡（图 4-27 水斧虫）。

防治方法是：

① 生石灰清池；

② 用西维因粉剂溶水全池均匀泼洒；

③ 用 0.5 毫克/升的 90%晶体敌百虫全池泼洒效果很好。

4. 水螅的防治

水螅是淡水中常见的一种腔肠动物，一般附着于池底石头、水草、树根或其他物体上，在其繁殖旺期大量吞食鱼苗，对渔业生产危害极大（图 4-28 水螅）。

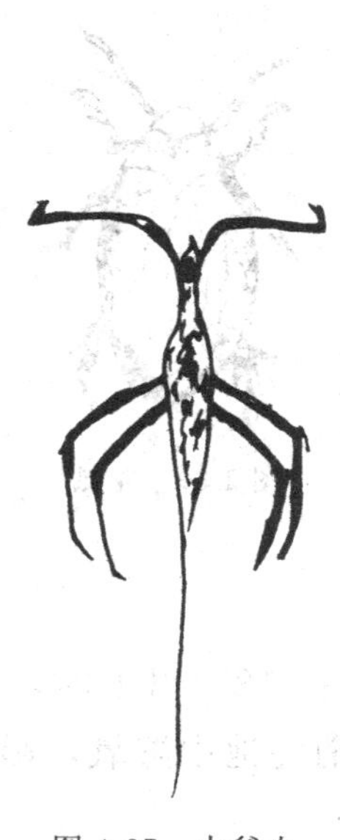
图 4-27　水斧虫

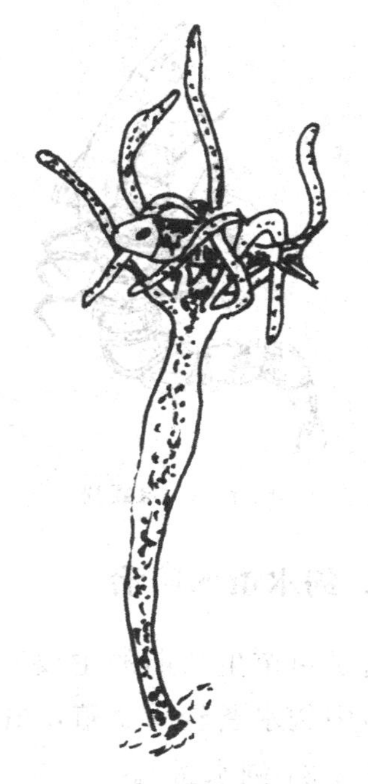
图 4-28　水螅

防治方法是：

① 清除池水中水草、树根、石头及其他杂物，不让水螅有栖息场所，无法生存；

② 用 0.5 毫克/升的 90%晶体敌百虫全池泼洒。

5. 水蜈蚣的防治

水蜈蚣又叫马夹子，是龙虱的幼虫，5～6 月份大量繁殖时，对鱼苗危害很大，1 只水蜈蚣一夜间能夹食鱼苗 10 多尾，危害极大（图 4-29，图 4-30）。

防治方法是：

① 生石灰清池，以水深 1 米计 667 米^2 水面施生石灰 75～100 千克，溶水全池泼洒；

② 每立方米水体用 90%晶体敌百虫 0.5 克溶水全池泼洒效果很好；

③ 灯光诱杀：用竹木搭成方形或三角形框架，框内放置少量煤油，天黑时点燃油灯或电灯，水蜈蚣则趋光而至，接触煤油后会窒息而亡。

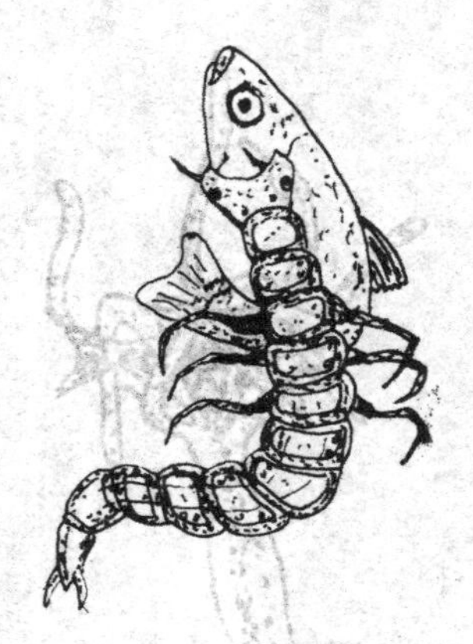

图 4-29　水蜈蚣

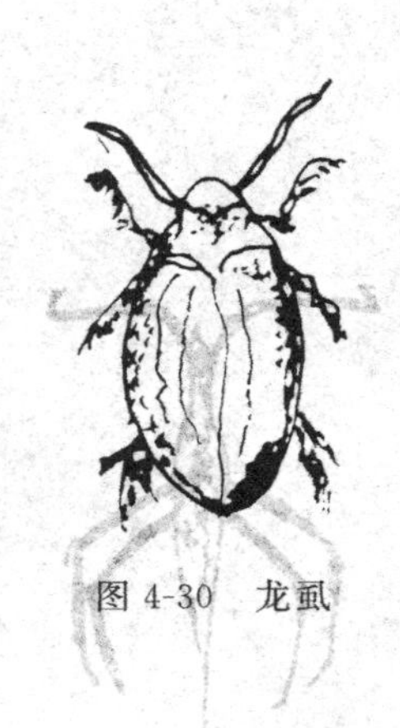

图 4-30　龙虱

6. 剑水蚤的防治

这是鱼苗生长期的主要敌害之一，当水温在 18℃以上时，水质较肥的鱼池中剑水蚤较易繁殖，既会咬死鱼苗，又消耗池中溶氧，影响鱼苗生长（图 4-31 剑水蚤）。

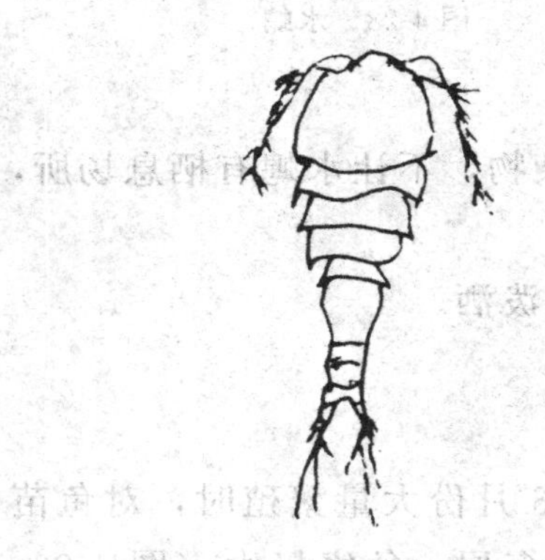

图 4-31　剑水蚤

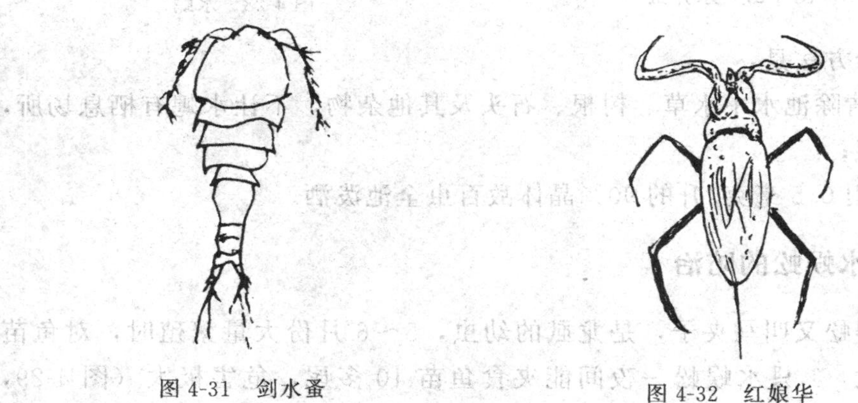

图 4-32　红娘华

防治方法是：每亩池塘每米水深用 90％的晶体敌百虫 0.3～0.4 千克兑水溶解后全塘泼洒。

7. 红娘华的防治

虫体长 35 毫米，黄褐色。常伤害 30 毫米以下鱼苗（图 4-32 红娘华）。

防治方法是：

① 生石灰清池；

② 用0.5毫克/升的90%晶体敌百虫全池泼洒。

8. 田鳖虫的防治

虫体扁平而大，黄褐色。田鳖虫前肢极发达强健，常用有力的脚爪夹持鱼苗而吸其血，致鱼苗死亡（图4-33田鳖虫）。

防治方法是：

① 生石灰清塘；

② 用0.5毫克/升的90%晶体敌百虫全池泼洒。

图4-33　田鳖虫

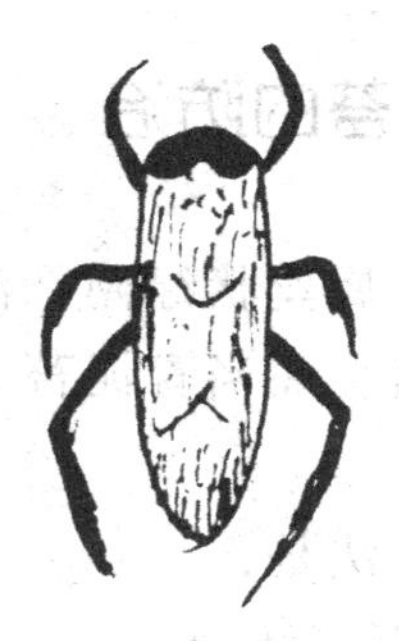

图4-34　松藻虫

9. 松藻虫的防治

虫体船形，黄褐色，游泳时腹部朝上，常用口吻刺入鱼苗体内致其死亡后再食之（图4-34松藻虫）。

防治方法：

① 生石灰清塘；

② 90%晶体敌百虫溶液泼洒。

二、水网藻的防治

水网藻是常生长于有机物丰富的肥水中的一种绿藻，在春夏大量繁殖时既消耗池中大量的养分，又常缠住鱼苗，危害极大。青泥苔属丝状绿藻，消耗池中的大量养分使水质变瘦，影响浮游生物的正常繁殖。而当青泥苔大量繁殖时严重影响鱼苗活动，常缠绕鱼苗而导致鱼苗死亡（图4-35水网藻）。

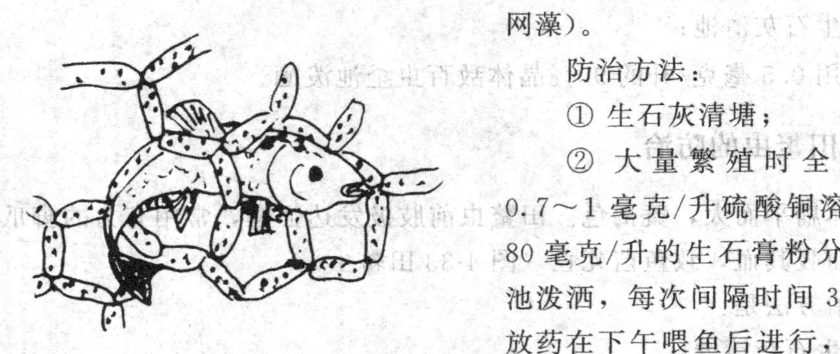

图 4-35　水网藻缠住鱼苗

防治方法：

① 生石灰清塘；

② 大量繁殖时全池泼洒 0.7～1 毫克/升硫酸铜溶液，用 80 毫克/升的生石膏粉分三次全池泼洒，每次间隔时间 3～4 天，放药在下午喂鱼后进行，放药后注水 10～20 厘米效果更好。

三、青泥苔的防治

青泥苔属丝状绿藻，消耗池中的大量养分使水质变瘦，影响浮游生物的正常繁殖。而当青泥苔大量繁殖时严重影响鱼苗活动，有时会将鱼苗缠绕致死。

防治方法是：

① 生石灰清池；

② 全池泼洒 0.7～1 克/米^3 硫酸铜溶液；

③ 投放鱼苗前每 667 米^2 水面用 50 千克草木灰撒在青泥苔上，使其不能进行光合作用而大量死亡；

④ 按每立方米水体用生石膏粉 80 克分三次均匀全池泼洒，每次间隔时间 3～4 天，若青苔严重时用量可增加 20 克，放药在下午喂鱼后进行，放药后注水 10～20 厘米效果更好。此法不会使池水变瘦，也不会造成缺氧，半月内可全杀灭青泥苔。

四、小三毛金藻、蓝藻的防治

这些藻类大量繁殖时会产生毒素，出现水色和透明度异常，使鱼苗出现似缺氧而浮头的现象，常在 12 小时内造成鱼苗大量死亡。对虾摄食底栖蓝藻中毒后肝胰脏坏死和萎缩，病虾嗜睡、厌食；体表呈蓝色，表皮上带有棕黄色或浅黄色斑点；通常生长缓慢，体长明显小于健康虾（图4-36 小三毛金藻）。

预防与治疗：

① 生石灰清池。

② 适当施肥，避免使用未经处理的各种粪肥；泼洒生石灰，培养益生藻类与有益菌类以抑制毒藻的繁殖；有条件的可用人工培育的有益藻类干预养殖水体的藻相。

③ 提高水位，并通过施用优质肥料、投喂优质饵料等措施促进有益浮游植物的大量生长繁殖，以降低池水的透明度，使底栖蓝藻得不到足够的光照，自然就可消失。

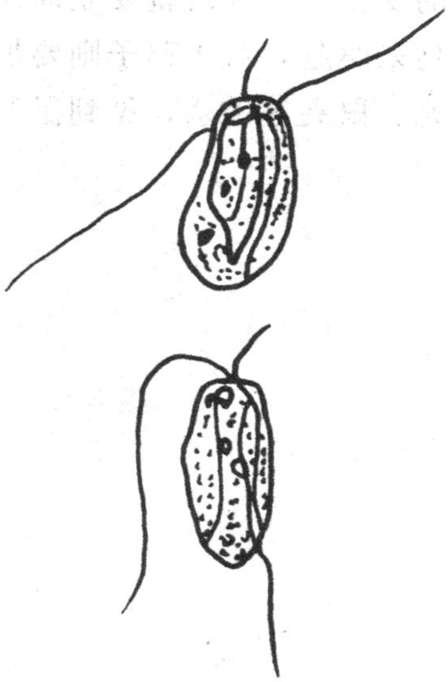

④ 提高水位，“氨基酸肥水精华素”或“肥水专家”或“造水精灵”等肥料，一次量，每 1 米^3 水体，2.2 克，全池泼洒，使用 1 次。（珠江水产研究所水产药物实验厂）

图 4-36　小三毛金藻（仿倪达书）

⑤ 适当换水或使用杀藻剂如铜铁合剂（硫酸铜：硫酸亚铁 5：2）0.4～0.7 毫克/升。控制藻类密度。

⑥ 水质嘉或双效底净，一次量，每 1 米^3 水体，0.5 克或 1.5 克，第二天，肥水宝二号和益生活水素，一次量，每 1 米^3 水体，1 克和 0.5 克。治疗小三毛金藻。（北京伟嘉）

⑦ 清凉解毒净，一次量，每 1 米^3 水体，1.5 克，第二天，水立肥和盛邦活水素，一次量，每 1 米^3 水体，1 克和 0.5 克。治疗小三毛金藻。（北京联合盛邦生物技术有限公司）

五、凶猛鱼类和其他敌害的防治

根据我们的调查及查询资料了解，认为对养殖鱼类造成危害的凶猛鱼类品种主要有：鳜鱼、泥鳅、黄鳝、鲶鱼、乌鳢等。对它们的处理方法就是加强池塘的清塘，发现一尾坚决杀灭。

对养殖鱼类造成极大危害的敌害主要有蛇、蟾蜍、青蛙、蝌蚪及其卵、田鼠、鸭及水鸟等。根据不同的敌害应采取不同的处理方法，见到青蛙的受精卵和蝌蚪就要立即捞走，对于水鸟可用鞭炮或扎稻草人或用死的水鸟来驱赶，对于鸭子则要加强监管工作，不能放任下塘，对于鼠类可用地笼、鼠夹等诱杀，见到鼠洞立即灌毒鼠强来杀灭。

附 录

附录1　名特水产用药的禁忌

鳗鱼：福尔马林、恩诺沙星、氟哌酸、强力霉素、新诺明及其他磺胺类等禁止使用。阿维菌素、伊维菌素在内服时，会出现强烈的毒性。甲苯咪唑溶液慎用。

斑点叉尾鮰、大口鲶：辛硫磷禁用。甲苯咪唑、高锰酸钾、敌百虫慎用。

黄颡鱼：辛硫磷禁用。甲苯咪唑慎用。

巴西鲷：辛硫磷禁用。慎用强氯精。不用敌百虫。

黑鱼：慎用或不用硫酸亚铁。硫酸铜、敌百虫慎用。

鳜鱼：对敌百虫、氯化铜等较敏感。0.2毫克/升的敌百虫、0.7毫克/升（pH值小于或等于7）的氯化铜均能造成鳜鱼中毒。硫酸铜禁用。

鲈鱼：对敌百虫等有机磷农药较为敏感。用药应控制在0.3毫克/升以下。

虹鳟：对敌百虫、高锰酸钾较为敏感。敌百虫不得高于0.5毫克/升，高锰酸钾不得高于0.035毫克/升。

淡水白鲳：敌百虫等有机磷均属绝对禁用药物。忌先泼洒生石灰再施杀虫药，而应先杀虫后杀菌消毒。对甲苯咪唑溶液敏感；辛硫磷对淡水白鲳毒性大。

罗氏沼虾、青虾：严禁使用敌百虫等有机磷杀虫药、氯氰菊酯等菊酯类杀虫剂。漂白粉用量应在1毫克/升以下，硫酸铜用量在0.7毫克/升以下，生石灰用量在25毫克/升以下。硫酸铜慎用。有效成分大于20%的海因类含溴制剂，在水温超过32℃时，若水体内三天累计用量超过200克/667米^2·米，会造成在蜕壳期内的甲壳水生动物死亡。虾苗慎用硫酸乙酰苯胺。

河蟹：对菊酯类、含氯化合物、敌百虫（0.3毫克/升以下）氨基甲酸甲酯类等药品敏感，应慎用。有效成分大于20%的海因类含溴制剂，在水温超过32℃时，若水体内三天累计用量超过200克/667米^2·米，会造成在蜕壳期内的河蟹死亡。蟹苗慎用硫酸乙酰苯胺。当水温高于25℃

时，按正常用量将含氯、溴消毒剂用于河蟹，会造成河蟹死亡，在水质肥沃时使用，会导致缺氧泛塘。

蛙类：怕盐。成蛙、幼蛙在1%的盐水中无法生存；养蝌蚪的池水含盐度不得超过0.1%，不得用盐水防病、消毒。

软体动物：阳离子表面活性消毒剂若用于软体水生动物，轻者会影响生长，重者会造成死亡。海参不得使用。禁用硫酸铜、硫酸亚铁。各种贝类对甲苯咪唑溶液敏感。禁用硫酸乙酰苯胺。在泼洒阿维菌素溶液均匀的情况下，易导致贝类死亡。一水硫酸锌用于海水贝类时应小心，有可能致死，特别注意使用后缺氧。

附录2 水产养殖中常用渔药、禁用渔药及替代渔药

一、常用渔药和禁用渔药

（一）抗菌类药物

（1）抗生素类 常用的有土霉素、青霉素、强力霉素、金霉素、甲砜霉素、氟苯尼考等。

（2）磺胺类 有磺胺嘧啶、磺胺甲基嘧啶、磺胺间甲氧嘧啶、甲氧苄氨嘧啶等。磺胺类药物在鳗鱼饲料添加剂中已被禁止使用。磺胺类中的磺胺噻唑（消治龙）、磺胺脒（磺胺胍）被禁用。喹诺酮类中的环丙沙星已被禁用，恩诺沙星药残已被列为限制鳗鱼出口日本的主要因子，其他的鱼没有限制。

（3）喹诺酮类 有氟哌酸（诺氟沙星）、氟嗪酸（氧氟沙星）、吡哌酸、噁喹酸、萘啶酸等。

在此类药物中，红霉素、氯霉素、泰乐菌素、杆菌肽锌、呋喃唑酮（痢特灵）、呋喃西林（呋喃新）、呋喃它酮、呋喃那斯已被禁止用于鱼病防治及作为饲料药物添加剂。

（二）水体消毒剂

（1）卤素类 聚维酮碘（碘伏）、二氯异氰脲酸钠、三氯乙氰尿酸、溴氯海因、二溴海因、二氧化氯、漂白粉等。

（2）醛类、醇类 甲醛溶液（福尔马林）、戊二醛、乙醇（酒精）等。

（3）碱类：氧化钙（生石灰）、氢氧化铵溶液（氨水）等。

（4）氧化剂 高锰酸钾、过氧化钙、过氧乙酸、双氧水（过氧化氢）等。

（5）重金属盐类 螯合铜、硫酸铜等。

（6）表面活性剂 新洁尔灭、季铵盐类等。

（7）染料类 甲紫、亚甲基蓝、吖啶黄等。

（三）抗寄生虫药物

（1）染料类药物 常用的有亚甲基蓝等。

（2）重金属类 硫酸铜、硫酸亚铁合剂。

(3) 有机磷杀虫剂　如敌百虫。

(4) 拟除虫菊酯杀虫药　如溴氰菊酯等。氟氯氰菊酯（百树得、百树菊酯）、氟氰戊菊酯、地虫硫磷、六六六、毒杀酚、DDT、呋喃丹（克百威）、杀虫脒、双甲脒等被禁用。

(5) 咪唑类杀虫剂　甲苯咪唑、丙硫咪唑等。

在这类药物当中，孔雀石绿已被禁用，可用亚甲基兰代替。汞制剂如硝酸亚汞、氯化亚汞、醋酸汞、甘汞（二氯化汞）、吡啶基醋酸汞等也被禁用。

(四) 抗真菌药物

有制霉菌素、克霉唑等，另外食盐、亚甲基蓝等也可起到抗真菌作用。

(五) 抗病毒药物

常用的有病毒灵、盐酸吗啉呱、金刚烷胺、碘伏等。

(六) 环境改良剂

包括益生素、沸石、麦饭石、膨润土、三氧化二铁、过氧化钙、三氧化二铝、氧化镁等。

(七) 调节代谢及促生长药物

激素、酶类、维生素、矿物质、微量元素及其他化学促生长剂等。喹乙醇、甲基睾丸酮、丙酸睾酮、甲基唑、地美硝唑等已经被禁用。

(八) 生物制品和免疫激活剂

如光合细菌、EM 菌、草鱼灭活疫苗、苏云金杆菌、阿维菌素等。

(九) 中草药

包括大蒜、大黄、五倍子、水辣蓼、菖蒲、黄芩、苦参等。

二、禁用渔药的替代渔药

(一) 有机氯制剂

六六六（六氯化苯）、林丹（丙体六六六）、毒杀芬、DDT 等。在我国六十年代已开始禁用。

替代品：敌百虫。

(二) 含汞制剂

甘汞（二氧化汞）、硝酸亚汞、乙酸亚汞、氯化亚汞、吡啶基醋酸汞等。国外已经在水产养殖上禁用这类药物，我国也已禁用。

替代品：

① 用福尔马林可替代硝酸亚汞、乙酸亚汞。每立方米水体用15～25克加水全池泼洒，隔天1次，连用2～3次。

② 用亚甲基蓝代替。每立方米水体用2克加水全池泼洒，连用2～3次。

③ 此外中草药合剂（干辣椒粉、生姜、五倍子土荆芥等煎煮）可代替硝酸亚汞治疗小瓜虫病。

（三）硝基呋喃类

呋喃西林、呋喃唑酮、呋喃那斯、呋喃它酮、呋喃苯烯酸钠及制剂。目前该类药物在欧盟国家已被禁用。我国农业部在禁用渔药中已明确此药禁用药。

替代品：

① 外用泼洒可用氯制剂、溴制剂，如二氧化氯、二氯异氰脲酸钠、三氯异氰脲酸等。

② 对一些皮肤不耐刺激的或某些标明对氯制剂敏感的名优鱼类可使用碘制剂。

③ 内服时可用氟哌酸（诺氟沙星）、新霉素（弗氏霉素）、复方新诺明（复方磺胺甲基异噁唑）替代。

（四）五氯酚钠

五氯酚钠早已被列为养殖生产禁用药品。

替代品：生石灰、漂白粉、二氯异氰脲酸钠和三氯异氰脲酸。

（五）孔雀石绿

孔雀石绿也被列为养殖生产禁用药品。

替代品：福尔马林、氯制剂、溴制剂、食盐、亚甲基蓝、甲苯咪唑、左旋咪唑、溴氰菊酯。①杀虫时：每千克饲料添加0.4～0.6克甲苯咪唑、左旋咪唑投喂。每立方米水体用0.01克加水全池泼洒。②防治水霉病时，可用3%～5%食盐水浸洗5～10分钟；每立方米水体用亚甲基蓝2～3克加水全池泼洒。③抗菌时，泼洒氯制剂或溴制剂。

（六）抗生素

氯霉素、红霉素、泰乐菌素等，氯霉素、泰乐菌素及其制剂，国家规定食品、动物均不可使用，且水产品中不得检出。而红霉素为限用药品，其在水产品中的允许含量指标为100微克/千克，在水产养殖上暂时还没有做过多的限制，但使用时一定要做好停药期的工作。但是作为无公害水产品生产单位，是不能使用红霉素的。

氯霉素的替代品：土霉素、四环素、金霉素、噁喹酸（喹诺酮类）等。外用泼洒可用溴霉素或氯制剂替代。内服时可用复方磺胺类、四环素类、喹诺酮类、甲砜霉素、氟苯尼考等替代。

红霉素、泰乐菌素的替代品：甲砜霉素、氟苯尼考。

（七）磺胺类药物

磺胺噻唑（消治龙）、磺胺脒（磺胺胍）在养殖上被列为禁用药品。

替代品：

① 如果发生细菌性疾病可选择氯制剂、碘制剂替代治疗；

② 如果发生肠炎，可以选用大蒜、大蒜素、大黄、氟哌酸、复方新诺明、新明磺等。

（八）杀虫脒、双甲脒

替代品：高锰酸钾、硫酸铜和硫酸亚铁合剂等，用于预防可选用食盐等。

（九）喹诺酮类

环丙沙星（环丙氟哌酸）已被列为禁用渔药。

替代品：大蒜、大蒜素、大黄、单诺沙星、恩诺沙星、磺胺嘧啶、复方新诺明等。

（十）类激素类药物

主要是喹乙醇促生长剂，已经被列为禁用渔药。

替代品：

① 黄霉素。

② 中草药促生长剂。枳实、当归、丹参各 35 克，茵陈、苍术、陈皮各 45 克，麦芽 200 克，贯众、神曲各 120 克，蜈蚣 9 克，朱砂 8 克等。

（十一）激素类药物

主要有甲基睾丸酮（甲基睾丸素）、丙酸睾酮、避孕药、己烯雌酚、雌二醇等。

替代品：黄霉素、中草药类、甜菜碱、肉碱（肉毒碱、L-肉碱）等。

附录3《食品动物禁用的兽药及其他化合物清单》

（中华人民共和国农业部公告第193号）

序号	兽药及其他化合物名称	禁止用途	禁用动物
1	β-兴奋剂类：克仑特罗 Clenbuterol、沙丁胺醇 Salbutamol、西马特罗 Cimaterol 及其盐、酯及制剂	所有用途	所有食品动物
2	性激素类：己烯雌酚 Diethylstilbestrol 及其盐、酯及制剂	所有用途	所有食品动物
3	具有雌激素样作用的物质：玉米赤霉醇 Zeranol、去甲雄三烯醇酮 Trenbolone、醋酸甲孕酮 Mengestrol，Acetate 及制剂	所有用途	所有食品动物
4	氯霉素 Chloramphenicol 及其盐、酯(包括：琥珀氯霉素 Chloramphenicol Succinate)及制剂	所有用途	所有食品动物
5	氨苯砜 Dapsone 及制剂	所有用途	所有食品动物
6	硝基呋喃类：呋喃唑酮 Furazolidone、呋喃它酮 Furaltadone、呋喃苯烯酸钠 Nifurstyrenate sodium 及制剂	所有用途	所有食品动物
7	硝基化合物：硝基酚钠 Sodium nitrophenolate、硝呋烯腙 Nitrovin 及制剂	所有用途	所有食品动物
8	催眠、镇静类：安眠酮 Methaqualone 及制剂	所有用途	所有食品动物
9	林丹(丙体六六六)Lindane	杀虫剂	水生食品动物
10	毒杀芬(氯化烯)Camahechlor	杀虫剂、清塘剂	水生食品动物
11	呋喃丹(克百威)Carbofuran	杀虫剂	水生食品动物
12	杀虫脒(克死螨)Chlordimeform	杀虫剂	水生食品动物
13	双甲脒 Amitraz	杀虫剂	水生食品动物
14	酒石酸锑钾 Antimonypotassiumtartrate	杀虫剂	水生食品动物
15	锥虫胂胺 Tryparsamide	杀虫剂	水生食品动物
16	孔雀石绿 Malachitegreen	抗菌、杀虫剂	水生食品动物
17	五氯酚酸钠 Pentachlorophenolsodium	杀螺剂	水生食品动物
18	各种汞制剂 包括：氯化亚汞（甘汞）Calomel，硝酸亚汞 Mercurous nitrate、醋酸汞 Mercurous acetate、吡啶基醋酸汞 Pyridyl mercurous acetate	杀虫剂	动物
19	性激素类：甲基睾丸酮 Methyltestosterone、丙酸睾酮 Testosterone Propionate、苯丙酸诺龙 Nandrolone Phenylpropionate、苯甲酸雌二醇 Estradiol Benzoate 及其盐、酯及制剂	促生长	所有食品动物

续表

序号	兽药及其他化合物名称	禁止用途	禁用动物
20	催眠、镇静类：氯丙嗪 Chlorpromazine、地西泮（安定）Diazepam 及其盐、酯及制剂	促生长	所有食品动物
21	硝基咪唑类：甲硝唑 Metronidazole、地美硝唑 Dimetronidazole 及其盐、酯及制剂	促生长	所有食品动物

附录4 《禁止在饲料和动物饮用水中使用的药物品种目录》

（农业部、卫生部、国家药品监督管理局公告2002的第176号）

一、肾上腺素受体激动剂

（1）盐酸克仑特罗（ClenbuterolHydrochloride） 中华人民共和国药典（以下简称药典）2000年二部P605。β_2肾上腺素受体激动药。

（2）沙丁胺醇（Salbutamol） 药典2000年二部P316。β_2肾上腺素受体激动药。

（3）硫酸沙丁胺醇（SalbutamolSulfate） 药典2000年二部P870。β2肾上腺素受体激动药。

（4）莱克多巴胺（Ractopamine） 一种β兴奋剂，美国食品和药物管理局（FDA）已批准，中国未批准。

（5）盐酸多巴胺（DopamineHydrochloride） 药典2000年二部P591。多巴胺受体激动药。

（6）西巴特罗（Cimaterol） 美国氰胺公司开发的产品，一种β兴奋剂，FDA未批准。

（7）硫酸特布他林（TerbutalineSulfate） 药典2000年二部P890。β_2肾上腺受体激动药。

二、性激素

（8）己烯雌酚（Diethylstibestrol） 药典2000年二部P42。雌激素类药。

（9）雌二醇（Estradiol） 药典2000年二部P1005。雌激素类药。

（10）戊酸雌二醇（EstradiolValcrate） 药典2000年二部P124。雌激素类药。

（11）苯甲酸雌二醇（EstradiolBenzoate） 药典2000年二部P369。雌激素类药。中华人民共和国兽药典（以下简称兽药典）2000年版一部P109。雌激素类药。用于发情不明显动物的催情及胎衣滞留、死胎的排除。

（12）氯烯雌醚（Chlorotrianisene） 药典2000年二部P919。

（13）炔诺醇（Ethinylestradiol） 药典 2000 年二部 P422。

（14）炔诺醚（Quinestrol） 药典 2000 年二部 P424。

（15）醋酸氯地孕酮（Chlormadinoneacetate） 药典 2000 年二部 P1037。

（16）左炔诺孕酮（Levonorgestrel） 药典 2000 年二部 P107。

（17）炔诺酮（Norethisterone） 药典 2000 年二部 P420。

（18）绒毛膜促性腺激素（绒促性素）（ChorionicConadotro-phin）：药典 2000 年二部 P534。促性腺激素药。兽药典 2000 年版一部 P146。激素类药。用于性功能障碍、习惯性流产及卵巢囊肿等。

（19）促卵泡生长激素（尿促性素主要含卵泡刺激 FSHT 和黄体生成素 LH)(Menotropins） 药典 2000 年二部 P321。促性腺激素类药。

三、蛋白同化激素

（20）碘化酪蛋白（IodinatedCasein） 蛋白同化激素类，为甲状腺素的前驱物质，具有类似甲状腺素的生理作用。

（21）苯丙酸诺龙及苯丙酸诺龙注射液（Nandrolonephenylpropionate） 药典 2000 年二部 P365。

四、精神药品

（22）（盐酸）氯丙嗪（ChlorpromazineHydrochloride） 药典 2000 年二部 P676。抗精神病药。兽药典 2000 年版一部 P177。镇静药。用于强化麻醉以及使动物安静等。

（23）盐酸异丙嗪（PromethazineHydrochloride） 药典 2000 年二部 P602。抗组胺药。兽药典 2000 年版一部 P164。抗组胺药。用于变态反应性疾病，如荨麻疹、血清病等。

（24）安定（地西泮）（Diazepam） 药典 2000 年二部 P214。抗焦虑药、抗惊厥药。兽药典 2000 年版一部 P61。镇静药、抗惊厥药。

（25）苯巴比妥（Phenobarbital)） 药典 2000 年二部 P362。镇静催眠药、抗惊厥药。兽药典 2000 年版一部 P103。巴比妥类药。缓解脑炎、破伤风、士的宁中毒所致的惊厥。

（26）苯巴比妥钠（PhenobarbitalSodium） 兽药典 2000 年版一部 P105。巴比妥类药。缓解脑炎、破伤风、士的宁中毒所致的惊厥。

（27）巴比妥（Barbital） 兽药典 2000 年版一部 P27。中枢抑制和增强解热镇痛。

（28）异戊巴比妥（Amobarbital） 药典 2000 年二部 P252。催眠药、抗惊厥药。

（29）异戊巴比妥钠（AmobarbitalSodium） 兽药典 2000 年版一部 P82。巴比妥类药。用于小动物的镇静、抗惊厥和麻醉。

（30）利血平（Reserpine） 药典 2000 年二部 P304。抗高血压药。

（31）艾司唑仑（Estazolam）。（32）甲丙氨脂（Mcprobamate）。

（33）咪达唑仑（Midazolam）。（34）硝西泮（Nitrazepam）。

（35）奥沙西泮（Oxazcpam）。（36）匹莫林（Pemoline）。

（37）三唑仑（Triazolam）。（38）唑吡旦（Zolpidem）。

（39）其他国家管制的精神药品。

五、各种抗生素滤渣

（40）抗生素滤渣　该类物质是抗生素类产品生产过程中产生的工业三废，因含有微量抗生素成分，在饲料和饲养过程中使用后对动物有一定的促生长作用。但对养殖业的危害很大，一是容易引起耐药性，二是由于未做安全性试验，存在各种安全隐患。

附录5 无公害水产品禁用渔药清单

序号	药物名称	英文名	别名
①	氯霉素及其盐、酯	Chloramphenicol	
②	己烯雌酚及其盐、酯	Diethylstilbestrol	乙烯雌酚、人造求偶素
③	甲基睾丸酮及类似雄性激素	Methyltestosterone	甲睾酮、甲基睾酮
④	呋喃唑酮	Furazolidone	痢特灵
	呋喃它酮	Furaltadone	
	呋喃苯烯酸钠	Nifurstyrenate sodium	
⑤	孔雀石绿	Malachite green	碱性绿、盐基块绿、孔雀石绿
⑥	五氯酚钠	Pentachlorophenol sodium	PCP-钠
⑦	毒杀芬	Camphechlor(ISO)	氯化莰烯
⑧	林丹	Lindane 或 Gammaxare	丙体六六六
⑨	锥虫胂胺	Tryparsamide	
⑩	杀虫脒	Chlordimeform	克死螨
⑪	双甲脒	Amitraz	二甲苯胺脒
⑫	呋喃丹	Carbofuran	克百威、大扶农
⑬	酒石酸锑钾	Antimony potassium tartrate	
⑭	氯化亚汞	Calomel	甘汞
⑮	硝酸亚汞	Mercurous nitrate	
⑯	醋酸汞	Mercuric acetate	乙酸汞
*⑰	喹乙醇	Olaquindox	喹酰胺醇、羟乙喹氧
*⑱	环丙沙星	Ciprofloxacin(CIPRO)	环丙氟哌酸
*⑲	红霉素	Erythromycin	
*⑳	阿伏霉素	Avoparcin	阿伏帕星
*㉑	泰乐菌素	Tylosin	
*㉒	杆菌肽锌	Zinc bacitracin premin	枯草菌肽
*㉓	速达肥	Fenbendazole	苯硫哒唑、氨甲基甲酯
*㉔	呋喃西林	Furacilinum	呋喃新
*㉕	呋喃那斯	Furanace	P-7138

序号	药物名称	英文名	别名
*㉖	磺胺噻唑	Sulfathiazolum	消治龙
*㉗	磺胺脒	Sulfaguanidine	磺胺胍
*㉘	地虫硫磷	Fonofos	大风雷
*㉙	六六六	BenxachlorigeBenzem	或 HCH、BHC
*㉚	滴滴涕	DDT	
*㉛	氟氯氰菊酯	Cyfluthrin	百树菊酯、百树得
*㉜	氟氰戊菊酯	Flucythrinate	保好江乌、氟氰菊酯

注：不带*者系《食品动物禁用的兽药及其他化合物清单》（农业部第 193 号公告）涉及的渔药部分；带*者虽未列入 193 号公告，但列入了《无公害食品　渔用药物使用准则》的禁用范围，无公害水产养殖单位必须遵守。

附录6 我国国标渔药的种类

通过对《中华人民共和国兽药典》2003年版及2005年、2006年版《国家兽药质量标准》，农业部596公告《首批兽药地方标准升国家标准目录》以及农业部兽医局对农业部第627公告、第784公告、第850公告、第894号公告、第910号公告中予以公布的159种水产用兽药品种进行了清理，废止了质量不可控、疗效不确切或临床毒、副作用大的品种。

目前农业部已批准的水产养殖用药包括抗微生物药、中草药、抗寄生虫药、消毒剂、环境改良剂、疫苗、生殖及代谢调节药共7类，通过评审并在农业部第1435号公告、第1506号公告、第1759号公告和第1960号公告及2010年版《中华人民共和国兽药典》中予以公布的水产用药物共106种，并明确了在水产养殖中应用的对象（所列名称为通用名，商品名由各企业自定，通用名在标签中所占面积不得小于商品名所占面积的1/2倍）。

一、抗微生物药

根据来源不同，抗菌药物包括抗生素和人工合成抗菌药。到目前为止，农业部批准生产和使用的水产养殖用抗生素共有3类4个品种，人工合成抗菌药包括磺胺类药物和喹诺酮类药物两大类。

①硫酸新霉素粉　②盐酸多西环素粉　③氟苯尼考粉
④甲砜霉素粉　⑤复方磺胺二甲嘧啶粉　⑥复方磺胺甲噁唑粉
⑦复方磺胺嘧啶粉　⑧磺胺间甲氧嘧啶钠粉　⑨恩诺沙星粉
⑩诺氟沙星粉　⑪烟酸诺氟沙星预混剂　⑫氟甲喹粉
⑬乳酸诺氟沙星可溶性粉　⑭诺氟沙星盐酸小檗碱预混剂
⑮盐酸环丙沙星盐酸小檗碱预混剂

二、中草药

中草药具有天然、安全、药物作用温和等优点，目前在水产养殖病害防治中常用的中草药有大黄、黄芩、黄柏、板蓝根、黄连、五倍子、大青叶、槟榔、栀子、苦参等。现行国家标准中中药类水产药物有46个产品，按功能可分为抗菌类（38种）、杀寄生虫类（5种）和调节机体类(3类)。

⑯大黄末　⑰三黄散　⑱双黄白头翁散

⑲双黄苦参散　⑳五倍予末　㉑板黄散

㉒清热散　㉓板蓝根末　㉔苍术香莲散

㉕柴黄益肝散　㉖穿梅三黄散　㉗大黄芩鱼散

㉘大黄五倍子散　㉙地锦草末　㉚大黄解毒散

㉛扶正解毒散　㉜肝胆利康散　㉝根莲解毒散

㉞虎黄合剂　㉟黄连解毒散　㊱加减消黄散

㊲六味地黄散　㊳六味黄龙散　㊴龙胆泻肝散

㊵七味板蓝根散　㊶青板黄柏散　㊷青连白贯散

㊸清热散　㊹山青五黄散　㊺银翘板蓝根散

㊻大黄芩蓝散　㊼蒲甘散　㊽青莲散

㊾清健散　㊿板蓝根大黄散　(51)地锦鹤草散

(52)连翘解毒散　(53)石知散　(54)百部贯众散

(55)苦参末　(56)雷丸槟榔散　(57)驱虫散

(58)川楝陈皮散　(59)利胃散　(60)脱壳促长散

(61)芪参散

三、抗寄生虫药

抗寄生虫药按药物作用可分为抗原虫药、抗蠕虫药、杀甲壳动物药和除四害药四大类。

(62)阿苯达唑粉　(63)敌百虫溶液　(64)盐酸氯苯胍粉

(65)吡喹酮预混剂　(66)精制敌百虫粉　(67)辛硫磷溶液

(68)硫酸铜硫酸亚铁粉　(69)硫酸锌粉　(70)硫酸锌三氯异氰脲酸粉

(71)高效氯氰菊酯溶液　(72)氰戊菊酯溶液　(73)溴氰菊酯溶液

(74)甲苯咪唑溶液

四、消毒剂

消毒剂按化学成分和作用机理可分为氧化剂、表面活性剂、卤素、酸类、醛类等。

(75)苯扎溴铵溶液　(76)次氯酸钠溶液　(77)三氯异氰脲酸粉

(78)溴氯海因粉　(79)含氯石灰　(80)复合碘溶液

(81)高碘酸钠溶液　(82)聚维酮碘溶液　(83)碘附（Ⅰ）

(84)蛋氨酸碘溶液　(85)浓戊二醛溶液　(86)稀戊二醛溶液

(87)戊二醛苯扎溴铵溶液

五、环境改良剂

环境改良剂是以改良水产养殖环境、去除养殖水体中有毒有害物质为目的的一类有机或无机的化学物质。

⑧⑧过硼酸钠粉　　⑧⑨过碳酸钠　　⑨⓪过氧化钙粉
⑨①过氧化氢溶液　　⑨②硫代硫酸钠粉　　⑨③硫酸铝钾粉
⑨④氯硝柳胺粉

六、疫苗

疫苗是指一类用微生物及其代谢产物、动物毒素或动物的血液及组织，经过物理、化学或生物技术手段制备的用于预防、控制特定传染性疾病发生和流行的制剂。

⑨⑤草鱼出血病活疫苗（GCHV-892株）⑨⑥草鱼出血病细胞灭活疫苗
⑨⑦嗜水气单胞菌败血症灭活疫苗　　⑨⑧牙鲆溶藻弧菌、鳗弧菌、迟缓爱德华氏菌病多联抗独特型抗体疫苗

七、生殖及代谢调节药

这类药物常用的调节水产动物代谢及生长的药物，主要有催产激素、维生素、促生长剂等几类。

⑨⑨注射用复方绒促性素A型　　⑩⓪注射用复方绒促性素B型
⑩①注射用促黄体素释放激素A2　　⑩②注射用促黄体素释放激素A3
⑩③注射用绒促性素（Ⅰ）　　⑩④维生素C钠粉
⑩⑤亚硫酸氢钠甲萘醌粉　　⑩⑥盐酸甜菜碱预混剂

附录7 水产用药配伍禁忌

水产品用药的配伍是有讲究的，根据一些资料和参考相关书籍，我们整理了这个表格，方便养殖户朋友使用时参考。

药名	注意事项及配伍禁忌
生石灰	现配现用，晴天用药效果更佳。不宜与漂白粉、重金属盐、有机络合物等混用。水体中氨氮含量较高时，严禁使用生石灰，否则，会氨中毒，造成养殖鱼类的大量死亡
漂白粉	不能与酸类、福尔马林、生石灰等混用
高锰酸钾	长时间使用本品易使鳃组织损伤，药效受有机物含量、水温等影响。不宜与氨制剂、碘、酒精、鞣酸等混用
二氯异氰脲酸钠、三氯异氰脲酸	现配现用，宜在晴天傍晚施药，避免使用金属容器具。保存于干燥通风处。不与酸、铵盐、硫黄、生石灰等配伍混用
二氧化氯	现配现用，药效受风、光照等影响。不得用金属容器盛装，不宜与其他消毒剂混用
季铵盐	不可与其他阳离子表面活性剂、碘制剂、高锰酸钾、生物碱及盐类消毒药合用。瘦水塘慎用
碘制剂	密闭避光保存于阴凉干燥处，杀菌效果受水体有机物含量的影响。不宜于碱类、重金属盐类、硫代硫酸钠、季铵盐等混用
恩诺沙星	钙离子、铝离子等重金属离子共用会降低药作用
罗红霉素	不宜与麦角胺或二麦角胺配伍
氧氟沙星	不宜与四环素、氨基糖甙类药物配伍合用，合用时应酌情减少用药。抗酸药物可影响本品吸收代谢
沙拉沙星	毒副作用低，与其他药物无交叉耐药性，对已对抗生素、磺胺类、呋喃类药物产生耐药的菌株仍非常敏感
硫酸铜	药效与温度成正比，与有机物含量、溶氧、盐度、pH 成反比；不宜经常使用，与氨、碱性溶液生成沉淀。不能和生石灰同时使用。当水温高于 30℃时，硫酸铜的毒性增加，硫酸铜的使用剂量不得超过 300 克/667 米^2·米，否则可能会造成鱼类中毒泛塘，且烂鳃病、鳃霉病不能使用
敌百虫	配置、泼洒不用金属容器；除可以与面碱合用外，不与其他碱性药物合用，中毒需用阿托品、碘解磷定、654-2 等解毒
甲苯咪唑	使用时，用冰乙酸溶解及乳化效果更佳；药浴需维持 36～48 小时；高温时，为防止中毒不可高剂量使用。对甲苯咪唑敏感的鱼类不宜使用
阿苯达唑	避光、密闭保存。如投药量达不到有效给药剂量，只能驱除部分鱼体中的虫体
溴氰菊酯	不可与碱性药物混用。在技术人员指导下使用
硫酸锌	药效与温度成正比，与有机物含量、溶氧、盐度、pH 成反比；不宜经常使用，与氨、碱性溶液生成沉淀

续表

药名	注意事项及配伍禁忌
硫酸阿托品	中度以上中毒应配合使用胆碱酯酶复合剂。维生素C可降低其效果
板蓝根	与广豆根联用,可提高对病毒感染的疗效
黄连	不宜与碘制剂、碱性药物、重金属盐、维生素 B_6 等同时服用。与山莨菪碱联用,提高治疗肠道霉菌病疗效
大黄	不宜与含重金属离子的药物、生物碱等同时服用;长期服用后,需补充维生素 B_1;与红霉素、利福平等联用,药效降低
黄芩	与氢氧化铝可形成络合物,不宜同时服用;与利胆药联用,有协同效应
五倍子	不宜与任何化学药物同时服用;水煎液可做重金属盐、生物碱、苷类中毒时的解毒剂
穿心莲	与抗菌药、糖皮质激素联用可增强疗效,减轻副作用
金银花	与青霉素、黄芩、连翘、蒲公英、地榆、黄芪等联用,可增强疗效
辣蓼	与苦楝树叶、生石灰、尿、盐制成合剂效果更佳
大蒜	与硫代硫酸钠联用,效果更显著
贯众	肠胃道不易吸收,过量会对肝、肾功能有损害,中毒可用电解质等解救
使君子	与大黄、鹤虱配伍可提高驱虫力;中毒可用绿豆、甘草等解救
槟榔	可与烟碱、使君子、苦楝皮、南瓜子联用,可提高疗效;不可与有机磷杀虫剂合用;解救可用阿托品、高锰酸钾等
苦楝皮	不可与新斯的明联用;中毒可用甘草、绿豆汤、高锰酸钾及阿托品等解救

参考文献

[1] 上海水产学院．鱼病学．北京：中国农业出版社，1961.

[2] 大连水产专科学养殖系生物教研组．一种半咸水害藻—小三毛金藻在我国的出现和防治．动物学杂志，1974，(3)：26-28.

[3] 中国科学院水生生物研究所编．中国淡水鱼类寄生虫论文集．北京：中国农业出版社，1984.

[4] 尹文英．中国淡水鱼寄生虫桡足类蚤科的研究．水生生物学集刊，1956，(2)：209-271.

[5] 尹文英．中国淡水鱼锚头蚤病的研究．水生生物学集刊，1963，(2)：47-117.

[6] 卞伯仲等．虾类的疾病与防治．北京：海洋出版社，1987.

[7] 江育林等．虹鳟传染性胰腺坏死病病毒（IPNV）的初步研究．水生生物学报，1989，13 (4)：353-358.

[8]《全国中草药汇编》编写组．全国中草药汇编上册．北京：人民卫生出版社，1976.

[9] 刘兴发等．虹鳟鱼传染性胰腺坏死病的初步调查．中国兽医科技，1990，(6)：16-18.

[10] 何君慈等．草鱼细菌性烂鳃病病原的研究．水产学报，1987，11 (1)：1-9.

[11] 宋大祥等．中国动物图谱—甲壳动物第四册．北京：科学出版社，1980.

[12] 匡溥人等．中国经济动物志—淡水鱼类寄生甲壳动物．北京：科学出版社，1991.

[13] 陈世阳．对虾的病毒性疾病．国外水产，1985，(4)：41-43.

[14] 陈锦富等．淡水养殖鱼类暴发性传染病防治初步研究．水产科技情报，1991，(1)：20-21.

[15] 陈会波等．鳗鲡赤鳍病病原菌的分离鉴定和耐药性的研究．水生生物学报，1992，16 (1)：40-46.

[16] 严爱莲等．嗜水气单胞菌引起牛蛙红腿病的诊断．动植物检疫，1989 (1)：21-22.

[17] 郑国兴．高锰酸钾药浴治疗对虾聚缩虫病初报．海洋渔业，1987，(3)：102-105.

[18] 郑国兴．中国对虾“红腿病”病原菌分离感染成功．海洋渔业，1988，(1)：34.

[19] 孟庆显等．关于对虾的“黑鳃病”．山东海洋学院学报，1982，12 (4)：95-100.

[20] 孟庆显．蟹类的疾病．齐鲁渔业，1986，(2)．

[21] 周月秀．鲤鱼细菌性白云病病原体及其防治研究．北京水产，1990，(1)：8-10.

[22] 郝淑英等．鳖的主要疾病及其防治．水产养殖，1984，(4)：23-24.

[23] 倪达书等．多子小瓜虫的形态、生活史及其防治方法和一新种的描述．水生生物学集刊，1960，(2)：197-215.

[24] 倪达书等．鱼类水霉病的防治研究．北京：中国农业出版社，1982.

[25] 孙其焕等．尼罗罗非鱼溃烂病的病原研究及防治．淡水渔业，1986，(5)：9-12.

[26] 黄琪琰等．鲫鱼鱼怪病的研究．水产学报，1980，4 (1)：69-80.

[27] 黄琪琰等．鱼病学．上海：上海科学技术出版社，1983.

[28] 黄琪琰．鱼波豆虫病的一种特殊病例及治疗方法．水产养殖，1991，(4)：16.

[29] 黄琪琰等．鱼病防治实用技术．北京：农业出版社，1992.

[30] 黄琪琰等．水产动物疾病学．上海：上海科学技术出版社，1993.

[31] 黄琪琰等．水产动物疾病学．基隆：水产出版社，1995.

[32] 孙修勤等．对虾幼体真菌和纤毛虫病的防治研究．海洋学报，1990，12 (2)：257-260.

[33] 黄琪琰等．主要淡水养殖鱼类暴发性流行病的防治．淡水渔业，1992，(4)：17-19.

[34] 湖北省水生生物研究所主编．湖北省鱼病病原区系图志．北京：科学出版社，1973.
[35] 杨臣等．甲鱼“红脖子病”的研究．兽医大学学报，1988，8 (3)：250-254.
[36] 杨臣．鳖嗜水气单胞菌病的诊断和防治．水产养殖，1989，(4)：5.
[37] 潘金培等．复口吸虫病的研究及其防治方法，包括二新种的描述．水生生物学集刊，1963，(1)：1-51.
[38] 韩先朴等．鳗鲡弧菌病病原菌的分离与鉴定．微生物学报，1984，24 (4)：386-391.
[39] 韩先朴等．鳗鲡爱德华氏病的研究．水生生物学报，1989，13 (3)：259-264.
[40] 周婷等．龟病图说．北京：中国农业出版社，2007.
[41] 凌熙和．淡水健康养殖技术手册．北京：中国农业出版社，2001.
[42] 占家智等．淡水鲨鱼养殖实用技术．北京：中国农业出版社，2008.
[43] 占家智等．翘嘴红鲌养殖实用技术问答．北京：中国农业出版社，2008.
[44] 占家智等．观赏龟养殖与鉴赏．北京：中国农业大学出版社，2008.
[45] 汪建国．观赏鱼鱼病的诊断与防治．北京：中国农业出版社，2001.
[46] 汪建国．养殖鱼类疾病防治技术．郑州：中原农民出版社，1998.
[47] 中国农业百科全书总编辑委员会水产业卷编辑委员会．中国农业百科全书水产业卷（上、下）．北京：中国农业出版社，1994.
[48] 中国兽药典委员会编．兽药手册（第二版）．北京：中国农业出版社，1994.
[49] 邓国成等．加州鲈鱼纤维黏细菌病及其防治初步研究．鱼病学研究论文集（第二辑）．北京：海洋出版社，1995.
[50] 陈昌福等．鳙对柱状屈挠杆菌的免疫应答．鱼病学研究论文集（第二辑）．北京：海洋出版社，1995.
[51] 叶重光等．鱼病处方精选．南宁：广西科学技术出版社，1998.
[52] 农业部畜牧兽医司等译．兽医实用药物手册．北京：中国农业出版社，1994.
[53] 朱心玲等．养殖鱼类疾病及防治．武汉：湖北科学技术出版社，1992.
[54] 朱心玲等．淡水养殖动物疾病及防治．哈尔滨：黑龙江科学技术出版社，1997.
[55] 王肇赣．尼罗罗非鱼腐皮病致病菌的研究．水产学报，1985，9 (3)：217-221.
[56] 朱崇俭等．中华豆蟹的繁殖和除治途径的探讨．海洋渔业，1982，(6)：250-252.
[57] 吴宝华等．浙江动物志—吸虫类．杭州：浙江科学技术出版社，1991.
[58] 陈启鎏．青、鲩、鲢、鳙等四种家鱼寄生原生动物的研究 Ⅰ．寄生鲩鱼的原生动物．水生生物学集刊，(2)：123-164，1955.
[59] 陈启鎏．青、鲩、鲢、鳙等四种家鱼寄生原生动物的研究 Ⅱ．寄生青鱼的原生动物．水生生物学集刊，(2)：19-42，1956.
[60] Ronald，J. Roberts. Fish Pathology. London：Bailliere Tindall，1978.
[61] Anthony E. Ellis. Fish and Shellfish Pathology. New York：Academic Press，1985.